江西省
水稻地方品种图志

余丽琴　主编

中国农业出版社
北　京

图书在版编目（CIP）数据

江西省水稻地方品种图志 / 余丽琴主编. -- 北京：
中国农业出版社，2024.6. -- ISBN 978-7-109-32084-0

Ⅰ. S511.029.2-64

中国国家版本馆CIP数据核字第2024ET8263号

中国农业出版社出版

地址：北京市朝阳区麦子店街18号楼

邮编：100125

责任编辑：王琦瑢　陈沛宏　李　瑜

版式设计：杨　婧　责任校对：吴丽婷　责任印制：王　宏

印刷：北京通州皇家印刷厂

版次：2024年6月第1版

印次：2024年6月北京第1次印刷

发行：新华书店北京发行所

开本：787mm×1092mm　1/16

印张：8.25

字数：205千字

定价：210.00元

主　编：余丽琴

副主编：汤　洁　柴晓明　王晓玲　徐　荣

编　委（以姓氏笔画为序）：

万柏青　王记林　石　博　刘　进　关　峰

花旺忠　李　慧　吴小丽　辛佳佳　张建标

周　静　周慧颖　孟冰欣　赵　伟　胡佳晓

查艳红　涂　夯　勒　思　康冬丽　廖新恩

黎毛毛

审　校：黎毛毛

前　言

　　江西简称"赣"，因公元733年唐玄宗设江南西道而得省名，又因为江西最大河流为赣江而得简称。江西位于中国东南部，在长江中下游南岸，以山地、丘陵为主，地处中亚热带，季风气候显著，四季变化分明；地形地貌可以概括为："六山一水二分田、一分道路和庄园。"境内水热条件差异较大，年平均气温自北向南依次增高，南北温差约3℃。全省面积16.69万km²，97.7%的面积属于长江流域，河流总长约18 400km，有全国最大的淡水湖鄱阳湖。江西农业资源十分丰富，素有"鱼米之乡"的美誉，是新中国成立以来从未间断输出商品粮的2个省份之一，是东南沿海地区重要的农产品供应地。江西生物多样性水平居全国前列，具有丰富的农作物、水产、野生植物等种质资源。在20世纪90年代，中外考古学家联合对万年县仙人洞和吊桶环遗址进行考古发掘，发现了15 000—20 000年前的野生稻植硅石和12 000年前的栽培稻植硅石。万年考古发现证明了赣鄱地区是中国乃至世界的稻作起源中心区，万年也因此被考古界公认为世界稻作起源地之一。

　　农作物种质资源是农业科技原始创新、现代种业发展的物质基础，是保障粮食安全、建设生态文明、支撑农业可持续发展的战略性资源。为全面、系统地保护农作物种质资源，江西积极开展农作物种质资源普查与收集工作。在国家相关部门的统筹安排下，江西先后于1956—1958年、1978—1980年、2017—2019年参加了三次全国农作物种质资源普查与收集行动，前两次普查共收集到45种作物6 172份种质，其中水稻地方品种3 172份；第三次全国农作物种质资源普查共收集到229种作物6 366份种质，其中水稻地方品种326份。

近年来，随着水稻选育品种的推广与应用，大量水稻地方品种被替代，选育品种的大面积单一化种植现象趋于严重，导致种植的水稻品种遗传多样性下降。第三次全国农作物种质资源普查收集到的326份江西水稻地方品种中，有87.0%为糯稻品种、8.0%为大禾谷品种，这些品种都因当地民众制作传统小吃、加工大米果、酿造糯米酒等传统习惯被保留下来。被保留下来的地方品种具有品质优、用途特殊、抗性强、适应性广等现代育成品种难以取代的特征特性，为水稻优异基因的发掘和育种利用提供了重要的基因源，同时也为水稻育种家提供新的育种思路。

全书介绍了第三次全国农作物种质资源普查收集的243份江西水稻地方品种的主要特征特性、老百姓认知、研究和开发利用价值以及植株、单穗、谷粒的图片信息，按采集号顺序进行排列，旨在为江西省乃至全国水稻遗传育种研究者提供参考和借鉴。

编　者

2024 年 3 月 10 日

目 录

前言

香米（采集号：P341300026）

资源特征特性：在南昌种植，播始期86.0d，株高121.0cm，单株有效穗6个，穗长26.6cm，穗粒数184粒，结实率91.7%，千粒重25.4g。谷粒长10.0mm，谷粒宽2.4mm，谷粒特长形，黏，微香。

老百姓认知：有香味。

研究和开发利用价值：可在生产上直接推广应用，也可作水稻育种亲本。

崇义大禾谷（采集号：P341300027）

资源特征特性：在南昌种植，播始期101.0d，株高131.7cm，单株有效穗5个，穗长25.9cm，穗粒数156粒，结实率68.9%，千粒重32.8g。谷粒长7.6mm，谷粒宽3.4mm，谷粒椭圆形，黏。

老百姓认知：适宜制作年糕、米果。

研究和开发利用价值：农户自留种，自产自销。

麻壳糯（采集号：P341300028）

资源特征特性：在南昌种植，播始期93.0d，株高126.3cm，单株有效穗6个，穗长24.3cm，穗粒数173粒，结实率94.8%，千粒重27.4g。谷粒长9.8mm，谷粒宽3.5mm，谷粒粗长形，糯。

老百姓认知：糯性好。

研究和开发利用价值：农户自留种，自产自销。

崇义黄壳糯（采集号：P341300029）

资源特征特性：在南昌种植，播始期88.0d，株高113.7cm，单株有效穗5个，穗长27.3cm，穗粒数180粒，结实率96.2%，千粒重26.8g。谷粒长9.3mm，谷粒宽2.5mm，谷粒长形，糯。

老百姓认知：糯性好，谷壳特别黄，稻田金黄色。

研究和开发利用价值：可在生产上直接推广应用，也可作水稻育种亲本。

73-07（采集号：P360121001）

资源特征特性：在南昌种植，播始期60.0d，株高84.0cm，单株有效穗10个，穗长23.7cm，穗粒数129粒，结实率79.8%，千粒重21.4g。谷粒长8.1mm，谷粒宽3.5mm，谷粒短圆形，黏。

老百姓认知：适合早稻直播，生育期短。

研究和开发利用价值：可在生产上直接推广应用，也可作水稻育种亲本。

向塘糯（采集号：P360121005）

资源特征特性：在南昌种植，播始期101.0d，株高108.0cm，单株有效穗8个，穗长17.0cm，穗粒数122粒，结实率92.0%，千粒重18.4g。谷粒长7.3mm，谷粒宽3.7mm，谷粒短圆形，糯。

老百姓认知：圆粒籽糯，大众喜欢。

研究和开发利用价值：农户自留种，自产自销，也可作水稻育种亲本。

猴子糯（采集号：P360122012）

资源特征特性：在南昌种植，播始期104.0d，株高124.0cm，单株有效穗5个，穗长23.6cm，穗粒数200粒，结实率92.5%，千粒重18.5g。谷粒长6.8mm，谷粒宽3.4mm，谷粒短圆形，糯。

老百姓认知：糯性好，特别适合包粽子。

研究和开发利用价值：农户自留种，自产自销。

新建猴子糯（采集号：P360122022）

资源特征特性：在南昌种植，播始期104.0d，株高124.0cm，单株有效穗5个，穗长23.6cm，穗粒数200粒，结实率92.5%，千粒重22.5g。谷粒长6.8mm，谷粒宽3.4mm，谷粒短圆形，糯。

老百姓认知：圆粒籽糯，糯性好。

研究和开发利用价值：农户自留种，自产自销。

矮脚红壳糯（采集号：P360122030）

资源特征特性：在南昌种植，播始期101.0d，株高103.7cm，单株有效穗6个，穗长19.8cm，穗粒数238粒，结实率97.5%，千粒重18.3g。谷粒长7.5mm，谷粒宽3.7mm，谷粒圆形，糯。

老百姓认知：耐冷性好，适宜冷浆田种植。

研究和开发利用价值：农户自留种，自产自销。

余赤（采集号：P360123015）

资源特征特性：在南昌种植，播始期87.0d，株高114.3cm，单株有效穗5个，穗长24.8cm，穗粒数253粒，结实率87.8%，千粒重19.6g。谷粒长8.9mm，谷粒宽2.3mm，谷粒长形，黏，微香。

老百姓认知：优质稻，有香味。

研究和开发利用价值：可在生产上直接推广应用，也可作水稻育种亲本。

安义本地糯谷（采集号：P360123018）

资源特征特性：在南昌种植，播始期84.0d，株高109.7cm，单株有效穗8个，穗长25.6cm，穗粒数141粒，结实率94.8%，千粒重24.4g。谷粒长9.8mm，谷粒宽2.4mm，谷粒细长形，糯。

老百姓认知：糯性好，高产又稳产。

研究和开发利用价值：可在生产上直接推广应用，也可作水稻育种亲本。

白头糯（采集号：P360124021）

资源特征特性：在南昌种植，播始期102.0d，株高147.0cm，单株有效穗6个，穗长23.9cm，穗粒数170粒，结实率90.2%，千粒重21.0g。谷粒长7.8mm，谷粒宽3.6mm，谷粒短圆形，糯。

老百姓认知：糯性好，适宜冷浆田种植。

研究和开发利用价值：农户自留种，自产自销。

苏粳糯（采集号：P360124022）

资源特征特性：在南昌种植，播始期102.0d，株高128.7cm，单株有效穗6个，穗长16.2cm，穗粒数232粒，结实率97.8%，千粒重18.2g。谷粒长6.7mm，谷粒宽4.0mm，谷粒短圆形，糯。

老百姓认知：圆粒籽糯，适宜冷浆田种植，好销。

研究和开发利用价值：农户自留种，自产自销。

昌江本地糯谷（采集号：P360202009）

资源特征特性：在南昌种植，播始期85.0d，株高115.7cm，单株有效穗7个，穗长25.9cm，穗粒数174粒，结实率91.5%，千粒重24.6g。谷粒长9.3mm，谷粒宽2.6mm，谷粒细长形，糯。

老百姓认知：糯性好。

研究和开发利用价值：可在生产上直接推广应用，也可作水稻育种亲本。

白西早（采集号：P360222025）

资源特征特性：在南昌种植，播始期89.0d，株高155.0cm，单株有效穗6个，穗长25.9cm，穗粒数96粒，结实率66.8%，千粒重19.6g。谷粒长8.8mm，谷粒宽3.0mm，谷粒长形，黏。

老百姓认知：制作年糕、米果。

研究和开发利用价值：农户自留种，自产自销。

黑珍珠糯米稻（采集号：P360222027）

资源特征特性：在南昌种植，播始期86.0d，株高108.0cm，单株有效穗8个，穗长23.1cm，穗粒数158粒，结实率67.0%，千粒重23.7g。谷粒长8.5mm，谷粒宽2.7mm，谷粒长形，糯，种皮深紫色。

老百姓认知：深紫色，售价高。

研究和开发利用价值：可作特种稻在生产上直接推广应用，也可作水稻育种亲本。

乐平红壳糯 （采集号：P360281008）

资源特征特性：在南昌种植，播始期115.0d，株高115cm，单株有效穗9个，穗长29.3cm，穗粒数145粒，结实率90.3％，千粒重23.4g。谷粒长7.2mm，谷粒宽2.9mm，谷粒短圆形，糯。

老百姓认知：糯性好，适宜冷浆田种植。

研究和开发利用价值：农户自留种，自产自销。

晚谷 （采集号：P360281018）

资源特征特性：在南昌种植，播始期97.0d，株高107.3cm，单株有效穗6个，穗长16.5cm，穗粒数116粒，结实率93.5％，千粒重22.9g。谷粒长7.0mm，谷粒宽3.3mm，谷粒椭圆形，黏。

老百姓认知：抗性好。

研究和开发利用价值：可在生产上直接推广应用，也可作水稻育种亲本。

乐平黄壳糯（采集号：P360281043）

资源特征特性：在南昌种植，播始期108.0d，株高148.0cm，单株有效穗10个，穗长26.0cm，穗粒数171粒，结实率96.1%，千粒重24.4g。谷粒长8.0mm，谷粒宽4.2mm，谷粒短圆形，糯。

老百姓认知：糯性好，适宜冷浆田种植。

研究和开发利用价值：农户自留种，自产自销。

紫红米（采集号：P360323026）

资源特征特性：在南昌种植，播始期85.0d，株高120.3cm，单株有效穗10个，穗长23.6cm，穗粒数219粒，结实率88.6%，千粒重23.6g。谷粒长9.3mm，谷粒宽3.0mm，谷粒细长形，黏，种皮深紫色。

老百姓认知：作配合米，有去湿功能。

研究和开发利用价值：作特种稻在生产上直接推广应用，也可作水稻育种亲本。

矮秆红米（采集号：P360323027）

资源特征特性： 在南昌种植，播始期93.0d，株高122.0cm，单株有效穗7个，穗长28.2cm，穗粒数171粒，结实率85.4%，千粒重23.6g。谷粒长9.1mm，谷粒宽2.3mm，谷粒细长形，黏，种皮红色。

老百姓认知： 口感好。

研究和开发利用价值： 可在生产上直接推广应用，也可作水稻育种亲本。

新泉糯稻（采集号：P360323028）

资源特征特性： 在南昌种植，播始期90.0d，株高150.0cm，单株有效穗10个，穗长28.1cm，穗粒数185粒，结实率91.2%，千粒重26.6g。谷粒长9.4mm，谷粒宽2.8mm，谷粒长形，糯。

老百姓认知： 糯性好，高产、稳产。

研究和开发利用价值： 可在生产上直接推广应用，也可作水稻育种亲本。

高秆红米（采集号：P360323029）

资源特征特性：在南昌种植，播始期79.0d，株高118.0cm，单株有效穗7个，穗长30.2cm，穗粒数210粒，结实率89.5%，千粒重20.2g。谷粒长7.7mm，谷粒宽2.7mm，谷粒椭圆形，黏，种皮红色。

老百姓认知：制作当地特色小吃。

研究和开发利用价值：农户自留种，自产自销。

天优级紫红（采集号：P360323032）

资源特征特性：在南昌种植，播始期85.0d，株高140.3cm，单株有效穗7个，穗长25.6cm，穗粒数170粒，结实率82.2%，千粒重21.1g。谷粒长9.4mm，谷粒宽3.0mm，谷粒长形，黏，种皮黑色。

老百姓认知：作特种稻种植。

研究和开发利用价值：可在生产上直接推广应用，也可作水稻育种亲本。

新港糯稻（采集号：P360402014）

资源特征特性：在南昌种植，播始期82.0d，株高117.7cm，单株有效穗6个，穗长30.9cm，穗粒数247粒，结实率96.4%，千粒重22.2g。谷粒长9.0mm，谷粒宽2.4mm，谷粒长形，糯。

老百姓认知：产量高又稳。

研究和开发利用价值：可在生产上直接推广应用，也可作水稻育种亲本。

常规稻（采集号：P360402017）

资源特征特性：江西地方老品种，在南昌种植，播始期92.0d，株高112.0cm，单株有效穗4个，穗长28.1cm，穗粒数347粒，结实率86.5%，千粒重22.7g。谷粒长8.3mm，谷粒宽3.0mm，谷粒长形，黏，微香。

老百姓认知：有香味的优质稻。

研究和开发利用价值：可在生产上直接推广应用，也可作水稻育种亲本。

濂溪糯谷-1（采集号：P360402039）

资源特征特性：江西地方老品种，在南昌种植，播始期82.0d，株高118.7cm，单株有效穗10个，穗长27.9cm，穗粒数198粒，结实率92.9%，千粒重18.1g。谷粒长9.1mm，谷粒宽2.5mm，谷粒细长形，糯。

老百姓认知：糯性好，产量高，不倒伏。

研究和开发利用价值：可在生产上直接推广应用，也可作水稻育种亲本。

濂溪糯谷-2（采集号：P360402040）

资源特征特性：江西地方老品种，在南昌种植，播始期85.0d，株高119.0cm，单株有效穗4个，穗长29.7cm，穗粒数205粒，结实率94.6%，千粒重18.0g。谷粒长9.4mm，谷粒宽2.3mm，谷粒细长形，糯。

老百姓认知：糯性好，适合酿酒、制作小吃。

研究和开发利用价值：农户自留种，自产自销。

高粱稻（采集号：P360424020）

资源特征特性： 在南昌种植，播始期101.0d，株高108.7cm，单株有效穗6个，穗长17.4cm，穗粒数236粒，结实率77.7%，千粒重21.7g。谷粒长6.4mm，谷粒宽3.3mm，谷粒阔卵形，黏。

老百姓认知： 谷粒堆着长。

研究和开发利用价值： 农户自留种，自产自销，也可作水稻育种亲本。

团粒糯（采集号：P360427016）

资源特征特性： 在南昌种植，播始期114.0d，株高100.7cm，单株有效穗11个，穗长18.8cm，穗粒数207粒，结实率95.7%，千粒重20.4g。谷粒长7.3mm，谷粒宽3.8mm，谷粒短圆形，糯。

老百姓认知： 圆粒籽糯，好销。

研究和开发利用价值： 农户自留种，自产自销。

浙西糯谷（采集号：P360428032）

资源特征特性：在南昌种植，播始期85.0d，株高120.7cm，单株有效穗7个，穗长27.1cm，穗粒数186粒，结实率87.1%，千粒重23.0g。谷粒长8.8mm，谷粒宽3.0mm，谷粒椭圆形，糯。

老百姓认知：糯性好，产量稳，可酿酒、打糍粑、包粽子。

研究和开发利用价值：可在生产上直接推广应用，也可作水稻育种亲本。

油粘籽（采集号：P360429012）

资源特征特性：在南昌种植，播始期83.0d，株高100.3cm，单株有效穗6个，穗长26.9cm，穗粒数266粒，结实率88.6%，千粒重18.6g。谷粒长9.5mm，谷粒宽2.8mm，谷粒细长形，黏。

老百姓认知：米饭有油分，光亮。

研究和开发利用价值：可在生产上直接推广应用，也可作水稻育种亲本。

河南占（采集号：P360429034）

资源特征特性：在南昌种植，播始期85.0d，株高99.0cm，单株有效穗7个，穗长23.7cm，穗粒数146粒，结实率83.6%，千粒重21.1g。谷粒长8.5mm，谷粒宽2.5mm，谷粒细长形，黏。

老百姓认知：早稻直播稻，米质优。

研究和开发利用价值：可在生产上直接推广应用，也可作水稻育种亲本。

本地红米（采集号：P360681016）

资源特征特性：在南昌种植，播始期96.0d，株高110.7cm，单株有效穗6个，穗长26.7cm，穗粒数146粒，结实率96.2%，千粒重25.3g。谷粒长8.3mm，谷粒宽2.5mm，谷粒长形，黏，种皮红色。

老百姓认知：红米。

研究和开发利用价值：可在生产上直接推广应用，也可作水稻育种亲本。

大粒糯（采集号：P360681017）

资源特征特性：在南昌种植，播始期97.0d，株高131.7cm，单株有效穗5个，穗长26.1cm，穗粒数148粒，结实率93.4%，千粒重26.2g。谷粒长9.7mm，谷粒宽3.3mm，谷粒粗长形，糯。

老百姓认知：谷粒大，产量高。

研究和开发利用价值：农户自留种，自产自销，可作水稻育种亲本。

本地梨禾谷（采集号：P360681032）

资源特征特性：在南昌种植，播始期101.0d，株高135.0cm，单株有效穗4个，穗长26.8cm，穗粒数161粒，结实率93.5%，千粒重19.7g。谷粒长6.4mm，谷粒宽3.6mm，谷粒椭圆形，黏。

老百姓认知：制作年糕、米果。

研究和开发利用价值：农户自留种，自产自销。

贵溪大禾谷（采集号：P360681036）

资源特征特性：在南昌种植，播始期96.0d，株高146.7cm，单株有效穗8个，穗长27.3cm，穗粒数175粒，结实率80.4%，千粒重22.2g。谷粒长8.2mm，谷粒宽3.8mm，谷粒阔卵形，黏。

老百姓认知：适合打年糕、米果。

研究和开发利用价值：农户自留种，自产自销。

贵溪糯谷（采集号：P360681037）

资源特征特性：在南昌种植，播始期91.0d，株高129.3cm，单株有效穗7个，穗长24.6cm，穗粒数144粒，结实率76.1%，千粒重28.0g。谷粒长9.8mm，谷粒宽3.2mm，谷粒中粗形，糯。

老百姓认知：糯性好，适合做本地小吃。

研究和开发利用价值：农户自留种，自产自销。

本地红壳糯（采集号：P360681038）

资源特征特性：在南昌种植，播始期103.0d，株高145.3cm，单株有效穗5个，穗长27.1cm，穗粒数212粒，结实率90.6%，千粒重17.2g。谷粒长7.0mm，谷粒宽3.6mm，谷粒圆形，糯。

老百姓认知：糯性好，适宜冷浆田种植。

研究和开发利用价值：农户自留种，自产自销。

本地糯稻（采集号：P360701021）

资源特征特性：在南昌种植，播始期77.0d，株高112.0cm，单株有效穗5个，穗长32.5cm，穗粒数261粒，结实率79.8%，千粒重27.7g。谷粒长9.6mm，谷粒宽2.5mm，谷粒细长形，糯。

老百姓认知：产量高，糯性好。

研究和开发利用价值：可在生产上直接推广应用，也可作水稻育种亲本。

半地留秋稻（采集号：P360703008）

资源特征特性： 在南昌种植，播始期81.0d，株高114.7cm，单株有效穗5个，穗长24.5cm，穗粒数169粒，结实率80.4%，千粒重28.0g。谷粒长9.5mm，谷粒宽2.9mm，谷粒长形，糯。

老百姓认知： 穗大、粒大，产量高。

研究和开发利用价值： 可在生产上直接推广应用，也可作水稻育种亲本。

大禾孜（采集号：P360703019）

资源特征特性： 在南昌种植，播始期81.0d，株高139.3cm，单株有效穗7个，穗长26.3cm，穗粒数164粒，结实率78.9%，千粒重26.4g。谷粒长8.3mm，谷粒宽3.7mm，谷粒椭圆形，黏。

老百姓认知： 制作年糕、米果。

研究和开发利用价值： 农户自留种，自产自销。

本地大禾子（采集号：P360721020）

资源特征特性：在南昌种植，播始期71.0d，株高97.0cm，单株有效穗5个，穗长22.4cm，穗粒数133粒，结实率74.8%，千粒重22.9g。谷粒长7.5mm，谷粒宽3.3mm，谷粒椭圆形，黏。

老百姓认知：适合打年糕、米果。

研究和开发利用价值：农户自留种，自产自销。

754（采集号：P360722002）

资源特征特性：在南昌种植，播始期107.0d，株高110.0cm，单株有效穗7个，穗长33.0cm，穗粒数204粒，结实率82.5%，千粒重21.2g。谷粒长6.7mm，谷粒宽3.1mm，谷粒短圆形。

老百姓认知：高产，抗性好。

研究和开发利用价值：农户自留种，也可作水稻育种亲本。

淋糯（采集号：P360722003）

资源特征特性： 在南昌种植，播始期115.0d，株高98.0cm，单株有效穗6个，穗长19.0cm，穗粒数137粒，结实率89.0%，千粒重23.0g。谷粒长5.9mm，谷粒宽2.8mm，谷粒短圆形，糯。

老百姓认知： 圆粒籽糯，糯性更强。

研究和开发利用价值： 农户自留种，自产自销。

秋花（采集号：P360722004）

资源特征特性： 在南昌种植，播始期115.0d，株高103.0cm，单株有效穗8个，穗长28.7cm，穗粒数149粒，结实率79.3%，千粒重23.1g。谷粒长7.2mm，谷粒宽2.9mm，谷粒椭圆形。

老百姓认知： 优质稻，耐旱。

研究和开发利用价值： 可在生产上直接推广应用，也可作水稻育种亲本。

黑糯米（采集号：P360723019）

资源特征特性：在南昌种植，播始期102.0d，株高97.0cm，单株有效穗7个，穗长30.0cm，穗粒数201粒，结实率79.0%，千粒重21g。谷粒长7.8mm，谷粒宽2.9mm，谷粒细长形，糯。

老百姓认知：有营养。

研究和开发利用价值：可作特种稻在生产上直接推广应用，也可作水稻育种亲本。

南集3号（采集号：P360802001）

资源特征特性：在南昌种植，播始期70.0d，株高89.3cm，单株有效穗9个，穗长21.3cm，穗粒数88粒，结实率89.8%，千粒重23.6g。谷粒长9.5mm，谷粒宽2.7mm，谷粒细长形，黏。

老百姓认知：优质稻。

研究和开发利用价值：可在生产上直接推广应用，也可作水稻育种亲本。

短粒稻（采集号：P360802002）

资源特征特性：在南昌种植，播始期72.0d，株高107.7cm，单株有效穗4个，穗长23.7cm，穗粒数174粒，结实率78.4%，千粒重23.6g。谷粒长9.1mm，谷粒宽2.8mm，谷粒长形，黏。

老百姓认知：高产稳产。

研究和开发利用价值：可在生产上直接推广应用，也可作水稻育种亲本。

樟山软粘（采集号：P360802019）

资源特征特性：在南昌种植，播始期85.0d，株高119.3cm，单株有效穗6个，穗长24.8cm，穗粒数265粒，结实率92.9%，千粒重17.6g。谷粒长8.7mm，谷粒宽2.2mm，谷粒细长形，黏。

老百姓认知：优质稻，早稻晚稻兼用。

研究和开发利用价值：可在生产上直接推广应用，也可作水稻育种亲本。

赤塘糯谷（采集号：P360802020）

资源特征特性：在南昌种植，播始期81.0d，株高107.0cm，单株有效穗6个，穗长27.5cm，穗粒数181粒，结实率96.6%，千粒重28.0g。谷粒长8.5mm，谷粒宽2.8mm，谷粒中粗长形，糯。

老百姓认知：糯性好，产量好，稳产。

研究和开发利用价值：可在生产上直接推广应用，也可作水稻育种亲本。

红米水稻（采集号：P360825018）

资源特征特性：在南昌种植，播始期89.0d，株高119.3cm，单株有效穗5个，穗长34.6cm，穗粒数293粒，结实率88.2%，千粒重21.1g。谷粒长10.5mm，谷粒宽3.0mm，谷粒长形，黏，种皮红色。

老百姓认知：红米。

研究和开发利用价值：可在生产上直接推广应用，也可作水稻育种亲本。

香味糯（采集号：P360826023）

资源特征特性：又名香禾子。在南昌种植，播始期85.0d，株高110.0cm，单株有效穗6个，穗长27.7cm，穗粒数195粒，结实率92.3%，千粒重23.9g。谷粒长9.9mm，谷粒宽2.5mm，谷粒细长形，糯，微香。

老百姓认知：糯性好，有香味。

研究和开发利用价值：可在生产上直接推广应用，也可作水稻育种亲本。

半晚糯（采集号：P360826033）

资源特征特性：在南昌种植，播始期95.0d，株高120.3cm，单株有效穗6个，穗长26.9cm，穗粒数167粒，结实率91.9%，千粒重25.4g。谷粒长8.9mm。谷粒宽2.8mm，谷粒长形，糯。

老百姓认知：糯性好。

研究和开发利用价值：可在生产上直接推广应用，也可作水稻育种亲本。

万安本地糯谷（采集号：P360828006）

资源特征特性：在南昌种植，播始期85.0d，株高128.0cm，单株有效穗5个，穗长32.8cm，穗粒数172粒，结实率91.9%，千粒重24.9g。谷粒长9.8mm，谷粒宽2.8mm，谷粒细长形，糯。

老百姓认知：糯性好，抗性好。

研究和开发利用价值：可在生产上直接推广应用，也可作水稻育种亲本。

香禾子（采集号：P360828013）

资源特征特性：在南昌种植，播始期101.0d，株高131.7cm，单株有效穗4个，穗长26.9cm，穗粒数138粒，结实率87.0%，千粒重23.3g。谷粒长8.3mm，谷粒宽3.4mm，谷粒阔卵形，黏。

老百姓认知：制作年糕、米果。

研究和开发利用价值：农户自留种，自产自销。

黄花珍（采集号：P360830008）

资源特征特性：在南昌种植，播始期88.0d，株高95.3cm，单株有效穗6个，穗长27.1cm，穗粒数193粒，结实率88.8%，千粒重22.9g。谷粒长10.2mm，谷粒宽2.7mm，谷粒长形，黏，种皮红色。

老百姓认知：红米。

研究和开发利用价值：可在生产上直接推广应用，也可作水稻育种亲本。

汉山糯稻（采集号：P360830009）

资源特征特性：在南昌种植，播始期87.0d，株高120.3cm，单株有效穗5个，穗长27.2cm，穗粒数172粒，结实率92.9%，千粒重22.3g。谷粒长10.7mm，谷粒宽3.0mm，谷粒粗长，糯。

老百姓认知：糯性好。

研究和开发利用价值：可在生产上直接推广应用，也可作水稻育种亲本。

芦溪糯稻（采集号：P360830015）

资源特征特性：在南昌种植，播始期93.0d，株高118.7cm，单株有效穗6个，穗长27.2cm，穗粒数167粒，结实率92.6%，千粒重24.8g。谷粒长9.2mm，谷粒宽2.9mm，谷粒椭圆形，糯。

老百姓认知：糯性好。

研究和开发利用价值：可在生产上直接推广应用，也可作水稻育种亲本。

永新软粘（采集号：P360830019）

资源特征特性：在南昌种植，播始期82.0d，株高119.3cm，单株有效穗4个，穗长26.2cm，穗粒数294粒，结实率92.8%，千粒重17.2g。谷粒长7.8mm，谷粒宽2.5mm，谷粒细长形，黏。

老百姓认知：优质稻，早稻晚稻兼用。

研究和开发利用价值：可在生产上直接推广应用，也可作水稻育种亲本。

穿山红（采集号：P360921012）

资源特征特性：在南昌种植，播始期81.0d，株高119.3cm，单株有效穗8个，穗长34.6cm，穗粒数300粒，结实率76.7％，千粒重22.3g。谷粒长9.0mm，谷粒宽2.5mm，谷粒细长形，黏，种皮红色。

老百姓认知：优质特种稻。

研究和开发利用价值：可在生产上直接推广应用，也可作水稻育种亲本。

黄莲糯（采集号：P360921013）

资源特征特性：在南昌种植，播始期88.0d，株高109.7cm，单株有效穗9个，穗长23.0cm，穗粒数188粒，结实率89.9％，千粒重22.6g。谷粒长6.7mm，谷粒宽3.6mm，谷粒短圆形，糯。

老百姓认知：粳糯。

研究和开发利用价值：可在生产上直接推广应用，也可作水稻育种亲本。

象牙糯（采集号：P360921018）

资源特征特性：在南昌种植，播始期87.0d，株高102.5cm，有效穗7个，穗长25.4cm，穗粒数144粒，结实率93.8%，千粒重25.2g。谷粒长9.4mm，谷粒宽3.1mm，谷粒中长形，糯。

老百姓认知：糯性好，粒形好。

研究和开发利用价值：可在生产上直接推广应用，也可作水稻育种亲本。

柳条红（采集号：P360921019）

资源特征特性：在南昌种植，播始期82.0d，株高133.7cm，单株有效穗6个，穗长33.8cm，穗粒数343粒，结实率81.9%，千粒重21.3g。谷粒长8.9mm，谷粒宽3.1mm，谷粒中长形，黏，种皮红色。

老百姓认知：红米，可作配合米。

研究和开发利用价值：可在生产上直接推广应用，也可作水稻育种亲本。

外引7号（采集号：P360921020）

资源特征特性：在南昌种植，播始期110.0d，株高115.0cm，单株有效穗7个，穗长30.0cm，穗粒数221粒，结实率89.0%，千粒重27.0g。谷粒长8.4mm，谷粒宽3.1mm，谷粒长形。

老百姓认知：优质稻，适宜稻田种养结合。

研究和开发利用价值：可在生产上直接推广应用，也可作水稻育种亲本。

赣早籼37号（采集号：P360924001）

资源特征特性：在南昌种植，播始期72.0d，株高98.7cm，单株有效穗7个，穗长23.0cm，穗粒数107粒，结实率85.5%，千粒重19.2g。谷粒长9.7mm，谷粒宽2.4mm，谷粒细长形，黏。

老百姓认知：优质早稻。

研究和开发利用价值：可在生产上直接推广应用，也可作水稻育种亲本。

荆糯（采集号：P360924004）

资源特征特性：在南昌种植，播始期87.0d，株高111.7cm，单株有效穗5个，穗长27.3cm，穗粒数189粒，结实率93.2%，千粒重24.6g。谷粒长9.0mm，谷粒宽2.5mm，谷粒细长形，糯。

老百姓认知：糯性好。

研究和开发利用价值：可在生产上直接推广应用，也可作水稻育种亲本。

高秆黄连糯（采集号：P360924025）

资源特征特性：在南昌种植，播始期101.0d，株高138.7cm，单株有效穗5个，穗长25.8cm，穗粒数151粒，结实率90.8%，千粒重23.1g。谷粒长7.3mm，谷粒宽3.6mm，谷粒短圆形，糯。

老百姓认知：糯性好。

研究和开发利用价值：农户自留种，自产自销。

矮秆黄连糯 （采集号：P360924026）

资源特征特性：在南昌种植，播始期97.0d，株高89.7cm，单株有效穗6个，穗长17.2cm，穗粒数126粒，结实率95.2%，千粒重21.3g。谷粒长7.9mm，谷粒宽3.7mm，谷粒短圆形，糯。

老百姓认知：糯性好，圆粒籽糯。

研究和开发利用价值：可在生产上直接推广应用，也可作水稻育种亲本。

北京糯 （采集号：P360924027）

资源特征特性：在南昌种植，播始期87.0d，株高114.3cm，单株有效穗5个，穗长27.1cm，穗粒数181粒，结实率91.2%，千粒重23.5g。谷粒长9.6mm，谷粒宽2.9mm，谷粒细长形，糯。

老百姓认知：高产稳产。

研究和开发利用价值：可在生产上直接推广应用，也可作水稻育种亲本。

宜丰黄连糯（采集号：P360924030）

资源特征特性：在南昌种植，播始期101.0d，株高139.7cm，单株有效穗4个，穗长23.6cm，穗粒数144粒，结实率90.3％，千粒重18.0g。谷粒长8.4mm，谷粒宽4.0mm，谷粒短圆形，糯。

老百姓认知：糯性好。

研究和开发利用价值：农户自留种，自产自销。

红须糯（采集号：P360925047）

资源特征特性：在南昌种植，播始期118.0d，株高120.0 cm，单株有效穗6个，穗长27.0cm，穗粒数148粒，结实率82.0％，千粒重21.1g。谷粒长5.5mm，谷粒宽2.1mm，谷粒短圆形，糯。

老百姓认知：糯性好，适宜冷浆田种植。

研究和开发利用价值：农户自留种，自产自销。

靖安棉花糯（采集号：P360925048）

资源特征特性： 在南昌种植，播始期96.0d，株高114.0cm，单株有效穗7个，穗长21.5cm，穗粒数171粒，结实率78.9%，千粒重20.4g。谷粒长7.0mm，谷粒宽3.3mm，谷粒短圆形，糯。

老百姓认知： 可酿酒、制作小吃。

研究和开发利用价值： 农户自留种，自产自销。

乌节糯（采集号：P360925049）

资源特征特性： 在南昌种植，播始期93.0d，株高166.0cm，单株有效穗11个，穗长29.5cm，穗粒数151粒，结实率77.9%，千粒重20.2g。谷粒长8.2mm，谷粒宽2.8mm，谷粒椭圆形，糯。

老百姓认知： 可酿药用酒。

研究和开发利用价值： 农户自留种，自产自销。

冷水糯（采集号：P360925052）

资源特征特性：在南昌种植，播始期103天，株高160.0cm，单株有效穗13个，穗长31.8cm，穗粒数197粒，结实率76.8%，千粒重23.1g。谷粒长7.5mm，谷粒宽3.7mm，谷粒短圆形，糯。

老百姓认知：耐冷性强，适宜冷浆田种植。

研究和开发利用价值：农户自留种，自产自销。

禾子（采集号：P360925053）

资源特征特性：在南昌种植，播始期90.0d，株高112.7cm，单株有效穗8个，穗长20.8cm，穗粒数150粒，结实率83.7%，千粒重21.9g。谷粒长6.4mm，谷粒宽3.3mm，谷粒短圆形，黏。

老百姓认知：抗性好，适合打米果、年糕。

研究和开发利用价值：农户自留种，自产自销，也可作水稻育种亲本。

晚糯稻（采集号：P360982017）

资源特征特性：在南昌种植，播始期88.0d，株高136.0cm，单株有效穗6个，穗长23.7cm，穗粒数230粒，结实率87.4%，千粒重17.8g。谷粒长8.5mm，谷粒宽2.7mm，谷粒长形，种皮红色，糯。

老百姓认知：红糯米。

研究和开发利用价值：可在生产上直接推广应用，也可作水稻育种亲本。

早糯稻（采集号：P360982020）

资源特征特性：在南昌种植，播始期84.0d，株高106.7cm，单株有效穗8个，穗长27.1cm，穗粒数127粒，结实率77.1%，千粒重24.3g。谷粒长9.3mm，谷粒宽2.4mm，谷粒长条形，糯。

老百姓认知：早糯。

研究和开发利用价值：可在生产上直接推广应用，也可作水稻育种亲本。

华林黄莲糯4号（采集号：P360983032）

资源特征特性：在南昌种植，播始期103.0d，株高121.0cm，有效穗6个，穗长26.9cm，穗粒数186粒，结实率91.1%，千粒重22.2g。谷粒长7.9mm，谷粒宽3.8mm，谷粒短圆形，糯。

老百姓认知：糯性好。

研究和开发利用价值：农户自留种，自产自销。

华林黄莲糯3号（采集号：P360983033）

资源特征特性：在南昌种植，播始期101.0d，株高133.7cm，有效穗6个，穗长27.9cm，穗粒数187粒，结实率81.3%，千粒重16.1g。谷粒长7.7mm，谷粒宽3.8mm，谷粒短圆形，糯。

老百姓认知：糯性好，酿的酒有药用保健功能。

研究和开发利用价值：农户自留种，自产自销。

华林黄莲糯2号（采集号：P360983034）

资源特征特性：在南昌种植，播始期101.0d，株高131.0cm，有效穗8个，穗长27.0cm，穗粒数200粒，结实率85.7%，千粒重25.4g。谷粒长8.3mm，谷粒宽4.5mm，谷粒阔卵形，糯。

老百姓认知：糯性好，适宜冷浆田种植。

研究和开发利用价值：农户自留种，自产自销。

华林黄莲糯1号（采集号：P360983035）

资源特征特性：在南昌种植，播始期103.0d，株高149.0cm，单株有效穗6个，穗长30.3cm，穗粒数260粒，结实率85.7%，千粒重24.5g。谷粒长8.2mm，谷粒宽3.8mm，谷粒短圆形，糯。

老百姓认知：圆粒籽糯，好销售，适宜冷浆田种植。

研究和开发利用价值：农户自留种，自产自销。

大粒香（采集号：P360983044）

资源特征特性：在南昌种植，播始期81.0d，株高116.7cm，单株有效穗8个，穗长29.8cm，穗粒数318粒，结实率80.7%，千粒重27.6g。谷粒长9.0mm，谷粒宽2.6mm，谷粒中粗长形，黏，微香。

老百姓认知：穗大、粒大，有香味。

研究和开发利用价值：可在生产上直接推广应用，也可作水稻育种亲本。

软香丝苗（采集号：P360983045）

资源特征特性：在南昌种植，播始期78.0d，株高156.0cm，单株有效穗5个，穗长26.2cm，穗粒数264粒，结实率74.6%，千粒重15.5g。谷粒长8.4mm，谷粒宽2.2mm，谷粒细长形，黏。

老百姓认知：小粒优质稻。

研究和开发利用价值：可在生产上直接推广应用，也可作水稻育种亲本。

小香糯（采集号：P360983046）

资源特征特性：在南昌种植，播始期85.0d，株高151.3cm，单株有效穗6个，穗长26.2cm，穗粒数201粒，结实率85.6%，千粒重18.0g。谷粒长10.4mm，谷粒宽2.7mm，谷粒细长形，糯，微香。

老百姓认知：有香味的糯稻。

研究和开发利用价值：可在生产上直接推广应用，也可作水稻育种亲本。

长早（采集号：P361002003）

资源特征特性：在南昌种植，播始期59.0d，株高96.0cm，单株有效穗7个，穗长25.3cm，穗粒数162粒，结实率75.9%，千粒重18.1g。谷粒长9.2mm，谷粒宽2.6mm，谷粒长形，黏。

老百姓认知：适合早稻直播。

研究和开发利用价值：可在生产上直接推广应用，也可作水稻育种亲本。

小籽谷（采集号：P361002007）

资源特征特性：在南昌种植，播始期93.0d，株高98.5cm，有效穗7个，穗长26.9cm，穗粒数221粒，结实率89.9%，千粒重17.4g。谷粒长8.4mm，谷粒宽2.4mm，谷粒细长形，黏。

老百姓认知：优质，抗稻瘟病。

研究和开发利用价值：可在生产上直接推广应用，也可作水稻育种亲本。

钩糯（采集号：P361002008）

资源特征特性：在南昌种植，播始期84.0d，株高123.3cm，单株有效穗9个，穗长29.5cm，穗粒数251粒，结实率88.5%，千粒重21.6g。谷粒长9.5mm，谷粒宽2.6mm，谷粒细长形，糯。

老百姓认知：高产稳产。

研究和开发利用价值：可在生产上直接推广应用，也可作水稻育种亲本。

过冬糯（采集号：P361002016）

资源特征特性：在南昌种植，播始期120.0d，株高126.0cm，单株有效穗6个，穗长27.0cm，穗粒数167粒，结实率87.0%，千粒重20.5g。谷粒长6.11mm，谷粒宽2.3mm，谷粒短圆形，糯。

老百姓认知：糯性好，耐冷性好，适宜冷浆田种植。

研究和开发利用价值：农户自留种，自产自销。

晚籼754（采集号：P361002021）

资源特征特性：在南昌种植，播始期71.0d，株高139.7cm，单株有效穗9个，穗长26.3cm，穗粒数208粒，结实率93.5%，千粒重23.6g。谷粒长7.6mm，谷粒宽3.7mm，谷粒阔卵形，黏。

老百姓认知：高产稳产。

研究和开发利用价值：可在生产上直接推广应用，也可作水稻育种亲本。

大头糯（采集号：P361002025）

资源特征特性：在南昌种植，播始期85.0d，株高122.0cm，单株有效穗7个，穗长27.8cm，穗粒数258粒，结实率89.7%，千粒重19.9g。谷粒长9.0mm，谷粒宽2.8mm，谷粒细长形，糯。

老百姓认知：糯性好，易种植。

研究和开发利用价值：可在生产上直接推广应用，也可作水稻育种亲本。

摄糯（采集号：P361002028）

资源特征特性：在南昌种植，播始期85.0d，株高115.7cm，单株有效穗8个，穗长26.9cm，穗粒数177粒，结实率94.1%，千粒重27.5g。谷粒长7.3mm，谷粒宽3.2mm，谷粒长形，糯。

老百姓认知：糯性好。

研究和开发利用价值：可在生产上直接推广应用，也可作水稻育种亲本。

临川棉花糯 （采集号：P361002030）

资源特征特性：在南昌种植，播始期113.0d，株高120.0cm，单株有效穗9个，穗长30.1cm，穗粒数201粒，结实率65.6%，千粒重18.7g。谷粒长8.5mm，谷粒宽3.3mm，谷粒短圆形，糯。

老百姓认知：适宜冷浆田种植。

研究和开发利用价值：农户自留种，自产自销。

老小籽谷 （采集号：P361002033）

资源特征特性：在南昌种植，播始期95.0d，株高132.3cm，单株有效穗10个，穗长29.9cm，穗粒数269粒，结实率87.3%，千粒重21.6g。谷粒长8.5mm，谷粒宽2.7mm，谷粒椭圆形，黏。

老百姓认知：抗性好。

研究和开发利用价值：农户自留种，自产自销，也可作水稻育种亲本。

南丰古糯稻（采集号：P361023005）

资源特征特性： 在南昌种植，播始期121.0d，株高112.0cm，单株有效穗5个，穗长23.0cm，穗粒数106粒，结实率86.0%，千粒重26.0g。谷粒长6.4mm，谷粒宽3.0mm，谷粒椭圆形，糯。

老百姓认知： 适宜冷浆田种植。

研究和开发利用价值： 农户自留种，自产自销。

78130（采集号：P361023011）

资源特征特性： 在南昌种植，播始期72.0d，株高101.3cm，单株有效穗7个，穗长23.5cm，穗粒数168粒，结实率74.9%，千粒重20.6g。谷粒长7.0mm，谷粒宽3.1mm，谷粒椭圆形，黏。

老百姓认知： 适宜早稻直播。

研究和开发利用价值： 农户自留种，自产自销，也可作水稻育种亲本。

葛仙山大禾谷（采集号：P361024076）

资源特征特性：在南昌种植，播始期99.0d，株高116.3cm，单株有效穗9个，穗长25.7cm，穗粒数188粒，结实率85.0%，千粒重26.0g。谷粒长8.8mm，谷粒宽4.4mm，谷粒阔卵形，黏。

老百姓认知：适合打年糕。

研究和开发利用价值：农户自留种，自产自销。

金竹红米（采集号：P361025003）

资源特征特性：在南昌种植，播始期96.0d，株高150.3cm，单株有效穗5个，穗长29.5cm，穗粒数193粒，结实率72.5%，千粒重23.7g。谷粒长9.1mm，谷粒宽2.3mm，谷粒椭圆形，黏，种皮红色。

老百姓认知：红米。

研究和开发利用价值：农户自留种，自产自销。

黄粒糯（采集号：P361025004）

资源特征特性：在南昌种植，播始期97.0d，株高123.7cm，单株有效穗4个，穗长21.9cm，穗粒数204粒，结实率88.5%，千粒重21.8g。谷粒长7.7mm，谷粒宽3.6mm，谷粒短圆形，糯。

老百姓认知：糯性好。

研究和开发利用价值：农户自留种，自产自销，也可作水稻育种亲本。

乐安红壳糯（采集号：P361025005）

资源特征特性：在南昌种植，播始期115.0d，株高115.0cm，有效穗8个，穗长26.0cm，穗粒数211粒，结实率79.1%，千粒重22.4g。谷粒长6.9mm，谷粒宽3.2mm，谷粒短圆形，糯。

老百姓认知：适宜冷浆田种植。

研究和开发利用价值：农户自留种，自产自销。

丰油占（采集号：P361025023）

资源特征特性：在南昌种植，播始期86.0d，株高111.3cm，单株有效穗5个，穗长25.7cm，穗粒数212粒，结实率93.1%，千粒重21.0g。谷粒长8.9mm，谷粒宽2.6mm，谷粒长形，黏。

老百姓认知：优质，抗性好。

研究和开发利用价值：可在生产上直接推广应用，也可作水稻育种亲本。

棒棒糯（采集号：P361025029）

资源特征特性：在南昌种植，播始期96.0d，株高124.7cm，单株有效穗5个，穗长43.1cm，穗粒数159粒，结实率91.3%，千粒重17.6g。谷粒长7.0mm，谷粒宽3.2mm，谷粒短圆形，糯。

老百姓认知：糯性好。

研究和开发利用价值：农户自留种，自产自销。

谷岗红米（采集号：P361025031）

资源特征特性：在南昌种植，播始期89.0d，株高170.7cm，单株有效穗5个，穗长31.4cm，穗粒数159粒，结实率83.5%，千粒重23.5g。谷粒长8.7mm，谷粒宽3.5mm，谷粒椭圆形，黏，种皮红色。

老百姓认知：红米。

研究和开发利用价值：农户自留种，自产自销。

银粳晚（采集号：P361025033）

资源特征特性：在南昌种植，播始期85.0d，株高107.0cm，单株有效穗6个，穗长27.4cm，穗粒数196粒，结实率86.2%，千粒重23.3g。谷粒长8.9mm，谷粒宽2.4mm，谷粒长形，黏，种皮红色。

老百姓认知：红米。

研究和开发利用价值：可在生产上直接推广应用，也可作水稻育种亲本。

黑色稻（采集号：P361026008）

资源特征特性：在南昌种植，播始期81.0d，株高102.3cm，单株有效穗7个，穗长24.4cm，穗粒数188粒，结实率93.1%，千粒重24.6g。谷粒长8.5mm，谷粒宽3.1mm，谷粒中粗形，黏，种皮黑色。

老百姓认知：有保健功能。

研究和开发利用价值：作为特种稻可在生产上直接推广应用，也可作水稻育种亲本。

红米稻（采集号：P361026009）

资源特征特性：在南昌种植，播始期90.0d，株高119.0cm，单株有效穗8个，穗长26.6cm，穗粒数190粒，结实率89.2%，千粒重21.3g。谷粒长8.5mm，谷粒宽2.3mm，谷粒长形，黏，种皮红色。

老百姓认知：米皮特红，适合作配合米。

研究和开发利用价值：可作特种稻在生产上直接推广应用，也可作水稻育种亲本。

大港中糯稻（采集号：P361026010）

资源特征特性：在南昌种植，播始期85.0d，株高113.3cm，单株有效穗9个，穗长27.3cm，穗粒数184粒，结实率80.9%，千粒重23.2g。谷粒长8.8mm，谷粒宽2.6mm，谷粒长形，糯。

老百姓认知：产量稳，耐肥力好。

研究和开发利用价值：可在生产上直接推广应用，也可作水稻育种亲本。

大港常规糯（采集号：P361026013）

资源特征特性：在南昌种植，播始期53.0d，株高85.0cm，单株有效穗7个，穗长21.9cm，穗粒数145粒，结实率74.1%，千粒重22.9g。谷粒长8.1mm，谷粒宽2.7mm，谷粒中粗形，糯。

老百姓认知：早糯，可直播。

研究和开发利用价值：可在生产上直接推广应用，也可作水稻育种亲本。

彩色黑稻（采集号：P361026016）

资源特征特性： 在南昌种植，播始期107.0d，株高111.3cm，单株有效穗3个，穗长18.0cm，穗粒数270粒，结实率85.6%，千粒重23.8g。谷粒长7.3mm，谷粒宽4.0mm，谷粒圆形，黏，种皮黑色。

老百姓认知： 作稻田景观画种植。

研究和开发利用价值： 可应用于稻田文化，也可作水稻育种亲本。

乌须糯（采集号：P361027012）

资源特征特性： 在南昌种植，播始期108.0d，株高122.0cm，单株有效穗6个，穗长29.0cm，穗粒数187粒，结实率67.0%，千粒重21.0g。谷粒长6.7mm，谷粒宽3.1mm，谷粒短圆形。

老百姓认知： 适宜冷浆田种植。

研究和开发利用价值： 农户自留种，自产自销。

金溪白壳糯（采集号：P361027013）

资源特征特性：在南昌种植，播始期114.0d，株高127.3cm，单株有效穗6个，穗长28.7cm，穗粒数160粒，结实率86.9%，千粒重22.3g。谷粒长9.3mm，谷粒宽3.5mm，谷粒椭圆形，糯。

老百姓认知：谷粒大，糯性好，适宜冷浆田种植。

研究和开发利用价值：农户自留种，自产自销。

香稻（采集号：P361027032）

资源特征特性：在南昌种植，播始期81.0d，株高106.7cm，单株有效穗10个，穗长28.1cm，穗粒数181粒，结实率84.0%，千粒重21.4g。谷粒长9.5mm，谷粒宽2.4mm，谷粒细长形，黏，微香。

老百姓认知：有香味的优质稻。

研究和开发利用价值：可在生产上直接推广应用，也可作水稻育种亲本。

陈坊大禾谷（采集号：P361124063）

资源特征特性：在南昌种植，播始期88.0天，株高128.0cm，有效穗6个，穗长25.1cm，穗粒数193粒，结实率93.6%，千粒重20.1g。谷粒长7.3mm，谷粒宽3.9mm，谷粒短圆形，黏。

老百姓认知：适合打米果。

研究和开发利用价值：农户自留种，自产自销。

紫稻（采集号：P361124064）

资源特征特性：在南昌种植，播始期95.0d，株高111.7cm，单株有效穗5个，穗长23.3cm，穗粒数162粒，结实率94.8%，千粒重25.0g。谷粒长9.3mm，谷粒宽3.3mm，谷粒粗长形，黏，种皮深紫色。

老百姓认知：紫米。

研究和开发利用价值：可在生产上直接推广应用，也可作水稻育种亲本。

葛仙山糯谷（采集号：P361124077）

资源特征特性：在南昌种植，播始期88.0d，株高123.3cm，单株有效穗6个，穗长25.9cm，穗粒数173粒，结实率87.1%，千粒重23.5g。谷粒长9.2mm，谷粒宽2.5mm，谷粒粗长形，糯。

老百姓认知：糯性好，产量好。

研究和开发利用价值：可在生产上直接推广应用，也可作水稻育种亲本。

R3010（采集号：P361124078）

资源特征特性：在南昌种植，播始期93.0d，株高123.0cm，单株有效穗5个，穗长26.8cm，穗粒数246粒，结实率92.8%，千粒重21.8g。谷粒长9.0mm，谷粒宽2.8mm，谷粒细长形，黏。

老百姓认知：优质稻。

研究和开发利用价值：可在生产上直接推广应用，也可作水稻育种亲本。

铅山石塘杨西糯（采集号：P361124090）

资源特征特性：在南昌种植，播始期119.0d，株高115.0cm，单株有效穗7个，穗长30.2cm，穗粒数126粒，结实率67.2%，千粒重23.6g。谷粒长7.1mm，谷粒宽2.9mm，谷粒椭圆形，糯。

老百姓认知：糯性好，出酒率高。

研究和开发利用价值：农户自留种，自产自销。

石塘白壳大禾谷（采集号：P361124091）

资源特征特性：在南昌种植，播始期103.0d，株高144.0cm，单株有效穗4个，穗长29.5cm，穗粒数168粒，结实率76.8%，千粒重20.0g。谷粒长8.2mm，谷粒宽3.8mm，谷粒短圆形，黏。

老百姓认知：适合打年糕。

研究和开发利用价值：农户自留种，自产自销。

石塘红壳糯（采集号：P361124092）

资源特征特性： 在南昌种植，播始期98.0d，株高116.0cm，单株有效穗8个，穗长22.3cm，穗粒数168粒，结实率85.2%，千粒重19.1g。谷粒长7.8mm，谷粒宽3.7mm，谷粒短圆形，糯。

老百姓认知： 糯性好。

研究和开发利用价值： 农户自留种，自产自销，也可作水稻育种亲本。

跨年再生大禾谷（采集号：P361124099）

资源特征特性： 在南昌种植，播始期103.0d，株高133.3cm，单株有效穗4个，穗长29.5cm，穗粒数169粒，结实率86.8%，千粒重19.6g。谷粒长8.5mm，谷粒宽3.8mm，谷粒短圆形，黏。

老百姓认知： 可作再生稻种植。

研究和开发利用价值： 农户自留种，自产自销。

弋阳大禾谷（采集号：P361126012）

资源特征特性：在南昌种植，播始期104.0d，株高144.7cm，单株有效穗5个，穗长26.1cm，穗粒数118粒，结实率81.9%，千粒重25.8g。谷粒长9.1mm，谷粒宽4.2mm，谷粒短圆形，黏。

老百姓认知：制作弋阳年糕。

研究和开发利用价值：农户自留种，自产自销。

弋阳叠山棉谷（采集号：P361126036）

资源特征特性：在南昌种植，播始期120.0d，株高142.0cm，单株有效穗6个，穗长27.0cm，穗粒数147粒，结实率91.0%，千粒重20.4g。谷粒长5.5mm，谷粒宽2.3mm，谷粒短圆形。

老百姓认知：制作弋阳年糕。

研究和开发利用价值：农户自留种，自产自销。

柒工大禾谷Ⅰ号（采集号：P361126038）

资源特征特性： 在南昌种植，播始期101.0d，株高125.3cm，单株有效穗4个，穗长25.9cm，穗粒数174粒，结实率83.2%，千粒重27.8g。谷粒长8.5mm，谷粒宽4.0mm，谷粒阔卵圆形，黏。

老百姓认知： 制作弋阳年糕。

研究和开发利用价值： 农户自留种，自产自销。

柒工大禾谷Ⅱ号（采集号：P361126039）

资源特征特性： 在南昌种植，播始期103.0d，株高141.0cm，单株有效穗6个，穗长26.6cm，穗粒数183粒，结实率84.7%，千粒重22.2g。谷粒长7.5mm，谷粒宽3.3mm，谷粒短圆形，黏。

老百姓认知： 制作弋阳年糕。

研究和开发利用价值： 农户自留种，自产自销。

中畈大禾谷（采集号：P361126040）

资源特征特性： 在南昌种植，播始期101.0d，株高144.0cm，单株有效穗4个，穗长25.6cm，穗粒数149粒，结实率84.4%，千粒重24.4g。谷粒长8.6mm，谷粒宽4.0mm，谷粒阔卵形，黏。

老百姓认知： 制作弋阳年糕。

研究和开发利用价值： 农户自留种，自产自销。

白棵大禾谷（采集号：P361126041）

资源特征特性： 在南昌种植，播始期111.0d，株高139.0cm，单株有效穗7个，穗长20.2cm，穗粒数132粒，结实率68.9%，千粒重19.1g。谷粒长9.3mm，谷粒宽3.6mm，谷粒椭圆形，黏。

老百姓认知： 制作弋阳年糕。

研究和开发利用价值： 农户自留种，自产自销。

弋阳麻壳大（采集号：P361126042）

资源特征特性：在南昌种植，播始期98.0d，株高145.3cm，单株有效穗4个，穗长29.2cm，穗粒数242粒，结实率90.0%，千粒重25.0g。谷粒长9.0mm，谷粒宽4.3mm，谷粒阔卵形，黏。

老百姓认知：制作弋阳年糕。

研究和开发利用价值：农户自留种，自产自销。

农1号大禾谷（采集号：P361126043）

资源特征特性：在南昌种植，播始期103.0d，株高119.0cm，单株有效穗4个，穗长24.3cm，穗粒数182粒，结实率84.7%，千粒重23.3g。谷粒长7.5mm，谷粒宽3.8mm，谷粒短圆形，黏。

老百姓认知：制作弋阳年糕。

研究和开发利用价值：农户自留种，自产自销。

农Ⅱ号大禾谷（采集号：P361126044）

资源特征特性：在南昌种植，播始期103.0d，株高144.0cm，单株有效穗5个，穗长27.0cm，穗粒数208粒，结实率79.3%，千粒重21.9g。谷粒长8.2mm，谷粒宽3.8mm，谷粒圆形，黏。

老百姓认知：制作弋阳年糕。

研究和开发利用价值：农户自留种，自产自销。

农局Ⅰ号大禾谷（采集号：P361126045）

资源特征特性：在南昌种植，播始期103.0d，株高149.3cm，单株有效穗4个，穗长28.6cm，穗粒数212粒，结实率86.3%，千粒重22.0g。谷粒长8.4mm，谷粒宽3.6mm，谷粒短圆形，黏。

老百姓认知：制作弋阳年糕。

研究和开发利用价值：农户自留种，自产自销。

农局Ⅱ号大禾谷（采集号：P361126046）

资源特征特性：在南昌种植，播始期114.0d，株高102.0cm，单株有效穗11个，穗长29.5cm，穗粒数194粒，结实率79.3%，千粒重23.2g。谷粒长7.5mm，谷粒宽3.8mm，谷粒圆形，黏。

老百姓认知：制作弋阳年糕。

研究和开发利用价值：农户自留种，自产自销。

农局Ⅲ号大禾谷（采集号：P361126047）

资源特征特性：在南昌种植，播始期101.0d，株高126.3cm，单株有效穗6个，穗长23.0cm，穗粒数94粒，结实率93.2%，千粒重21.3g。谷粒长8.6mm，谷粒宽4.2mm，谷粒短圆形，黏。

老百姓认知：制作弋阳年糕。

研究和开发利用价值：农户自留种，自产自销。

婺源白壳糯 （采集号：P361130011）

资源特征特性：在南昌种植，播始期99.0d，株高106.0cm，单株有效穗7个，穗长19.0cm，穗粒数96粒，结实率88.6%，千粒重22.9g。谷粒长7.8mm，谷粒宽3.7mm，谷粒短圆形，糯。

老百姓认知：抗性好，糯性也好。

研究和开发利用价值：可在生产上直接推广应用，也可作水稻育种亲本。

婺源红米-2 （采集号：P361130069）

资源特征特性：在南昌种植，播始期88.0d，株高116.3cm，单株有效穗12个，穗长26.8cm，穗粒数164粒，结实率94.4%，千粒重21.9g。谷粒长8.3mm，谷粒宽3.0mm，谷粒短长，黏，种皮红色。

老百姓认知：红米。

研究和开发利用价值：农户自留种，自产自销。

珍珠白（采集号：P361130070）

资源特征特性：在南昌种植，播始期87.0d，株高116.3cm，单株有效穗12个，穗长26.5cm，穗粒数190粒，结实率92.4%，千粒重22.2g。谷粒长9.3mm，谷粒宽2.3mm，谷粒细长形，黏。

老百姓认知：米粒晶亮，又名珍珠。

研究和开发利用价值：可在生产上直接推广应用，也可作水稻育种亲本。

本地稻米（采集号：P361130071）

资源特征特性：在南昌种植，播始期90.0d，株高142.0cm，单株有效穗4个，穗长27.0cm，穗粒数195粒，结实率53.9%，千粒重25.0g。谷粒长7.0mm，谷粒宽3.5mm，谷粒短圆形。

老百姓认知：适宜冷浆田种植。

研究和开发利用价值：农户自留种，自产自销。

本地籼米（采集号：P361130072）

资源特征特性：在南昌种植，播始期90.0d，株高106.7cm，单株有效穗6个，穗长22.4cm，穗粒数184粒，结实率92.9%，千粒重20.2g。谷粒长8.0mm，谷粒宽2.9mm，谷粒椭圆形，黏。

老百姓认知：抗性好，不用打药。

研究和开发利用价值：可在生产上直接推广应用，也可作水稻育种亲本。

草鞋糯（采集号：P361130083）

资源特征特性：在南昌种植，播始期90.0d，株高129.7cm，单株有效穗5个，穗长27.4cm，穗粒数159粒，结实率85.1%，千粒重21.3g。谷粒长7.2mm，谷粒宽3.3mm，谷粒椭圆状阔卵形，糯，微香。

老百姓认知：有香味的糯稻。

研究和开发利用价值：农户自留种，自产自销。

海南糯（采集号：P361130087）

资源特征特性：在南昌种植，播始期89.0d，株高117.0cm，单株有效穗7个，穗长26.8cm，穗粒数185粒，结实率92.9%，千粒重19.4g。谷粒长9.3mm，谷粒宽2.9mm，谷粒细长形，糯。

老百姓认知：糯性好，产量稳定。

研究和开发利用价值：可在生产上直接推广应用，也可作水稻育种亲本。

椰锤寒碜（采集号：P361130089）

资源特征特性：在南昌种植，播始期99.0d，株高93.3cm，单株有效穗8个，穗长22.0cm，穗粒数184粒，结实率83.3%，千粒重22.4g。谷粒长7.4mm，谷粒宽3.6mm，谷粒短圆形，糯。

老百姓认知：圆粒籽糯，适合包粽子。

研究和开发利用价值：农户自留种，自产自销，可作水稻育种亲本。

德兴大禾谷（采集号：P361181005）

资源特征特性：在南昌种植，播始期104.0d，株高154.0cm，单株有效穗5个，穗长27.5cm，穗粒数142粒，结实率69.8%，千粒重22.6g。谷粒长8.9mm，谷粒宽4.0mm，谷粒圆形，黏，粳稻。

老百姓认知：打出的年糕特别筋道。

研究和开发利用价值：农户自留种，自产自销。

德兴白壳糯（采集号：P361181015）

资源特征特性：在南昌种植，播始期114.0d，株高108.0cm，有效穗8个，穗长25.8cm，穗粒数149粒，结实率92.6%，千粒重21.6g。谷粒长8.7mm，谷粒宽4.1mm，谷粒短圆形，糯。

老百姓认知：糯性好，适宜冷浆田种植。

研究和开发利用价值：农户自留种，自产自销。

白壳晚谷（采集号：P361181016）

资源特征特性：在南昌种植，播始期103.0d，株高146.3cm，单株有效穗5个，穗长27.8cm，穗粒数182粒，结实率78.6%，千粒重22.2g。谷粒长8.5mm，谷粒宽4.3mm，谷粒圆形，黏，粳稻。

老百姓认知：东北大米。

研究和开发利用价值：农户自留种，自产自销。

一季常规稻（采集号：P361181017）

资源特征特性：在南昌种植，播始期86.0d，株高104.0cm，单株有效穗7个，穗长26.1cm，穗粒数183粒，结实率78.1%，千粒重21.4g。谷粒长9.2mm，谷粒宽2.2mm，谷粒细长形，黏。

老百姓认知：优质稻。

研究和开发利用价值：可在生产上直接推广应用，也可作水稻育种亲本。

德兴红壳糯（采集号：P361181020）

资源特征特性：在南昌种植，播始期103.0d，株高158.3cm，单株有效穗5个，穗长31.3cm，穗粒数135粒，结实率94.1%，千粒重23.3g。谷粒长9.0mm，谷粒宽3.4mm，谷粒椭圆形，糯。

老百姓认知：适宜冷浆田种植。

研究和开发利用价值：农户自留种，自产自销。

鸡爪籼（采集号：P361181022）

资源特征特性：在南昌种植，播始期87.0d，株高155.7cm，单株有效穗7个，穗长24.7cm，穗粒数119粒，结实率75.7%，千粒重30.9g。谷粒长8.3mm，谷粒宽3.5mm，谷粒椭圆形，黏，种皮红色。

老百姓认知：红米。

研究和开发利用价值：农户自留种，自产自销。

米果糯（采集号：P362135001）

资源特征特性：在南昌种植，播始期 101.0d，株高 117.0 cm，单株有效穗 6 个，穗长 20.1cm，穗粒数 109 粒，结实率 67.0%，千粒重 18.7g。谷粒长 6.9mm，谷粒宽 3.0mm，谷粒椭圆形，糯。

老百姓认知：糯性好。

研究和开发利用价值：农户自留种，自产自销。

勾牯糯（采集号：P362421024）

资源特征特性：在南昌种植，播始期 88.0d，株高 115.7cm，单株有效穗 4 个，穗长 26.8cm，穗粒数 206 粒，结实率 87.7%，千粒重 25.5g。谷粒长 9.0mm，谷粒宽 2.4mm，谷粒长形，糯。

老百姓认知：高产、稳产。

研究和开发利用价值：可在生产上直接推广应用，也可作水稻育种亲本。

黑糯（采集号：P363321020）

资源特征特性：在南昌种植，播始期82.0d，株高99.7cm，单株有效穗5个，穗长27.2cm，穗粒数177粒，结实率87.4%，千粒重26.3g。谷粒长8.6mm，谷粒宽2.3mm，谷粒长形，糯，种皮黑色。

老百姓认知：有营养，富含微量元素。

研究和开发利用价值：可作特种稻在生产上直接推广应用，也可作水稻育种亲本。

R4015（采集号：P363321021）

资源特征特性：在南昌种植，播始期102.0d，株高120.3cm，单株有效穗8个，穗长28.4cm，穗粒数217粒，结实率93.4%，千粒重24.8g。谷粒长8.7mm，谷粒宽2.6mm，谷粒长形，糯。

老百姓认知：优质稻。

研究和开发利用价值：可在生产上直接推广应用，也可作水稻育种亲本。

冷水红米（采集号：P363321022）

资源特征特性：在南昌种植，播始期85.0d，株高101.0cm，单株有效穗7个，穗长27.4cm，穗粒数188粒，结实率89.8%，千粒重23.1g。谷粒长8.0mm，谷粒宽2.2mm，谷粒长形，黏。

老百姓认知：红米。

研究和开发利用价值：可在生产上直接推广应用，也可作水稻育种亲本。

蕉坑糯谷（采集号：2017361147）

资源特征特性：在南昌种植，播始期96.0d，株高115.0cm，单株有效穗8个，穗长27.9cm，穗粒数237粒，结实率86.5%，千粒重24.7g。谷粒长8.3mm，谷粒宽2.5mm，谷粒长形，糯。

老百姓认知：用来酿酒，风味别具一格。

研究和开发利用价值：可在生产上直接推广应用，也可作水稻育种亲本。

云山糯谷（采集号：2017361162）

资源特征特性：在南昌种植，播始期84.0d，株高114.0cm，单株有效穗7个，穗长24.6cm，穗粒数140粒，结实率85.4%，千粒重24.1g。谷粒长8.7mm，谷粒宽2.6mm，谷粒长形，糯。

老百姓认知：适合酿酒，出酒率较高。

研究和开发利用价值：可在生产上直接推广应用，也可作水稻育种亲本。

黄岭糯谷（采集号：2017361429）

资源特征特性：在南昌种植，播始期84.0d，株高116.7cm，单株有效穗5个，穗长28.1cm，穗粒数225粒，结实率88.0%，千粒重20.3g。谷粒长9.9mm，谷粒宽3.0mm，谷粒细长形，糯。

老百姓认知：酿酒香甜。

研究和开发利用价值：可在生产上直接推广应用，也可作水稻育种亲本。

猴子驮崽（采集号：2017361457）

资源特征特性：在南昌种植，播始期94.0d，株高101.7cm，单株有效穗6个，穗长15.6cm，穗粒数115粒，结实率89.2%，千粒重20.6g。谷粒长7.0mm，谷粒宽3.6mm，谷粒短圆形，糯。

老百姓认知：圆粒糯，包粽子口感更好。

研究和开发利用价值：农户自留种，自产自销，也可作水稻育种亲本。

911（野杂交）（采集号：2017361534）

资源特征特性：在南昌种植，播始期70.0d，株高86.7cm，单株有效穗6个，穗长25.7cm，穗粒数116粒，结实率88.3%，千粒重24.5g。谷粒长9.1mm，谷粒宽2.5mm，谷粒长形，黏。

老百姓认知：抗性好，米质优。

研究和开发利用价值：可在生产上直接推广应用，也可作水稻育种亲本。

兰溪糯谷 （采集号：2017361535）

资源特征特性：在南昌种植，播始期85.0d，株高121.7cm，单株有效穗6个，穗长26.2cm，穗粒数171粒，结实率90.4%，千粒重23.4g。谷粒长10.3mm，谷粒宽3.0mm，谷粒长形，糯。

老百姓认知：糯性好。

研究和开发利用价值：可在生产上直接推广应用，也可作水稻育种亲本。

大余杂优糯 （采集号：2017361541）

资源特征特性：在南昌种植，播始期89.0d，株高116.3cm，单株有效穗4个，穗长19.6cm，穗粒数146粒，结实率93.7%，千粒重23.7g。谷粒长9.2mm，谷粒宽2.7mm，谷粒长形，糯。

老百姓认知：产量高，糯性好，分蘖强。

研究和开发利用价值：可在生产上直接推广应用，也可作水稻育种亲本。

高林糯谷（采集号：2017361553）

资源特征特性：在南昌种植，播始期63.0d，株高97.3cm，单株有效穗9个，穗长26.7cm，穗粒数142粒，结实率91.1％，千粒重23.1g。谷粒长9.7mm，谷粒宽3.0mm，谷粒椭圆形，糯。

老百姓认知：糯性好。

研究和开发利用价值：农户自留种，自产自销。

樟斗糯谷（采集号：2017361556）

资源特征特性：在南昌种植，播始期88.0d，株高118.7cm，单株有效穗7个，穗长25.2cm，穗粒数148粒，结实率90.7％，千粒重22.8g。谷粒长9.4mm，谷粒宽3.2mm，谷粒长形，糯。

老百姓认知：产量高，糯性好，紧穗型，叶片转色好，不倒伏。

研究和开发利用价值：可在生产上直接推广应用，也可作水稻育种亲本。

木子糯（采集号：2017362007）

资源特征特性：在南昌种植，播始期95.0d，株高129.0cm，单株有效穗4个，穗长25.2cm，穗粒数208粒，结实率96.5%，千粒重24.0g。谷粒长9.1mm，谷粒宽2.7mm，谷粒细长形，糯。

老百姓认知：糯性好，适合酿酒、做爆米花、打糍粑。

研究和开发利用价值：可在生产上直接推广应用，也可作水稻育种亲本。

小杂优（采集号：2017362057）

资源特征特性：在南昌种植，播始期94.0d，株高125.7cm，单株有效穗5个，穗长27.0cm，穗粒数276粒，结实率90.6%，千粒重21.7g。谷粒长8.0mm，谷粒宽2.5mm，谷粒长形，黏。

老百姓认知：米质优，抗稻瘟病，抗倒伏。

研究和开发利用价值：可在生产上直接推广应用，也可作水稻育种亲本。

中稻（采集号：2017362129）

资源特征特性：在南昌种植，播始期87.0d，株高124.0cm，单株有效穗5个，穗长27.6cm，穗粒数244粒，结实率92.5%，千粒重22.7g。谷粒长8.4mm，谷粒宽2.3mm，谷粒长形，黏。

老百姓认知：劣质，谷子好看，稻谷金色。

研究和开发利用价值：农户自留种，自产自销。

杨潭糯稻（采集号：2017362258）

资源特征特性：在南昌种植，播始期85.0d，株高115.7cm，单株有效穗8个，穗长27.1cm，穗粒数186粒，结实率90.9%，千粒重24.9g。谷粒长10.0mm，谷粒宽3.0mm，谷粒中粗长形，糯。

老百姓认知：产量高，糯性强。

研究和开发利用价值：可在生产上直接推广应用，也可作水稻育种亲本。

六广矮（采集号：2017362259）

资源特征特性：在南昌种植，播始期70.0d，株高115.7cm，单株有效穗9个，穗长22.1cm，穗粒数181粒，结实率85.6%，千粒重23.0g。谷粒长7.5mm，谷粒宽3.3mm，谷粒阔卵形，黏。

老百姓认知：短粒，少量垩白，品质一般，直播早稻。

研究和开发利用价值：可作救灾稻种植，也可作水稻育种亲本。

洋江糯稻（采集号：2017362260）

资源特征特性：在南昌种植，播始期85.0d，株高126.3cm，单株有效穗6个，穗长27.2cm，穗粒数161粒，结实率94.0%，千粒重26.2g。谷粒长9.7mm，谷粒宽3.0mm，谷粒粗长形，糯。

老百姓认知：产量高，糯性强。

研究和开发利用价值：可在生产上直接推广应用，也可作水稻育种亲本。

永坊糯谷（采集号：2017363011）

资源特征特性：在南昌种植，播始期86.0d，株高120.0cm，单株有效穗8个，穗长26.7cm，穗粒数192粒，结实率93.8%，千粒重18.9g。谷粒长8.0mm，谷粒宽2.2mm，谷粒长形，糯，种皮红色。

老百姓认知：谷粒长，属农家老品种，仅存2015年种子，已濒临灭绝。

研究和开发利用价值：可在生产上直接推广应用，也可作水稻育种亲本。

荷塘糯谷（采集号：2017363044）

资源特征特性：在南昌种植，播始期85d，株高126.7cm，单株有效穗7个，穗长27.1cm，穗粒数208粒，结实率82.2%，千粒重26.5g。谷粒长9.6mm，谷粒宽2.8mm，谷粒长形，糯。

老百姓认知：口感好。

研究和开发利用价值：可在生产上直接推广应用，也可作水稻育种亲本。

文塘糯谷（采集号：2017363045）

资源特征特性：在南昌种植，播始期90.0d，株高126.0cm，单株有效穗10个，穗长23.0cm，穗粒数114粒，结实率90.3%，千粒重27.0g。谷粒长9.0mm，谷粒宽2.8mm，谷粒细长形，糯。

老百姓认知：口感好。

研究和开发利用价值：可在生产上直接推广应用，也可作水稻育种亲本。

棋盘山糯谷（采集号：2017363068）

资源特征特性：在南昌种植，播始期87.0d，株高119.0cm，单株有效穗7个，穗长24.5cm，穗粒数199粒，结实率93.5%，千粒重24.1g。谷粒长8.6mm，谷粒宽2.7mm，谷粒长形，糯。

老百姓认知：出酒率高，米质好，又软又糯。

研究和开发利用价值：可在生产上直接推广应用，也可作水稻育种亲本。

子雪花飞（采集号：2018361018）

资源特征特性：在南昌种植，播始期95.0d，株高98.7cm，单株有效穗6个，穗长26.5 cm，穗粒数183粒，结实率79.0％，千粒重26.0g。谷粒长8.3 mm，谷粒宽3.2mm，谷粒中粗长形，糯。

老百姓认知：糯性好。

研究和开发利用价值：可在生产上直接推广应用，也可作水稻育种亲本。

庙下糯谷（采集号：2018361061）

资源特征特性：在南昌种植，播始期83.0d，株高102.0cm，单株有效穗7个，穗长25.6cm，穗粒数145粒，结实率90.2%，千粒重23.3g。谷粒长8.5mm，谷粒宽2.6mm，谷粒长形，糯。

老百姓认知：糯性好，用于酿酒、包粽子等。

研究和开发利用价值：可在生产上直接推广应用，也可作水稻育种亲本。

国香粘（采集号：2018361071）

资源特征特性：在南昌种植，播始期83.0d，株高112.0cm，单株有效穗8个，穗长25.9cm，穗粒数148粒，结实率90.3%，千粒重23.9g。谷粒长8.7mm，谷粒宽2.7mm，谷粒长形，黏。

老百姓认知：米质优，稻谷价比普通稻谷高25.0%。

研究和开发利用价值：可在生产上直接推广应用，也可作水稻育种亲本。

新溪糯谷（采集号：2018361073）

资源特征特性：在南昌种植，播始期83.0d，株高105.0cm，单株有效穗6个，穗长25.2cm，穗粒数145粒，结实率90.6%，千粒重23.6g。谷粒长8.9mm，谷粒宽2.9mm，谷粒长形，糯。

老百姓认知：糯性好。

研究和开发利用价值：农户自留种，自产自销。

金滩糯谷（采集号：2018361086）

资源特征特性：在南昌种植，播始期83.0d，株高107.0cm，单株有效穗6个，穗长25.3cm，穗粒数154粒，结实率90.2％，千粒重23.3g。谷粒长8.4mm，谷粒宽2.7mm，谷粒长形，糯。

老百姓认知：糯性好。

研究和开发利用价值：可在生产上直接推广应用，也可作水稻育种亲本。

晚糯谷（采集号：2018361106）

资源特征特性：在南昌种植，播始期61.0d，株高112.0cm，单株有效穗7个，穗长26.2cm，穗粒数157粒，结实率88.8％，千粒重26.0g。谷粒长9.1mm，谷粒宽2.5mm，谷粒细长形，糯。

老百姓认知：生育期短。

研究和开发利用价值：可在生产上直接推广应用，也可作水稻育种亲本。

坳官粘（采集号：2018361107）

资源特征特性：在南昌种植，播始期80.0d，株高102.0cm，单株有效穗7个，穗长23.9cm，穗粒数204粒，结实率87.3%，千粒重17.0g。谷粒长7.9mm，谷粒宽1.9mm，谷粒细长形，黏。

老百姓认知：米质优。

研究和开发利用价值：农户自留种，自产自销。

泰香4号（采集号：2018361112）

资源特征特性：在南昌种植，播始期82.0d，株高105.0cm，单株有效穗9个，穗长24.2cm，穗粒数177粒，结实率86.2%，千粒重20.7g。谷粒长9.0mm，谷粒宽2.2mm，谷粒长形，黏。

老百姓认知：优质香稻。

研究和开发利用价值：可在生产上直接推广应用，也可作水稻育种亲本。

闵岩糯（采集号：2018361128）

资源特征特性：在南昌种植，播始期61.0d，株高106.0cm，单株有效穗12个，穗长24.1cm，穗粒数140粒，结实率91.7%，千粒重23.8g。谷粒长8.8mm，谷粒宽2.3mm，谷粒长形，糯。

老百姓认知：早糯，可直播。

研究和开发利用价值：农户留种，自产自销，也可作水稻育种亲本。

余七（采集号：2018361129）

资源特征特性：在南昌种植，播始期86.0d，株高106.0cm，单株有效穗7个，穗长23.7cm，穗粒数165粒，结实率83.4%，千粒重22.2g。谷粒长8.9mm，谷粒宽2.3mm，谷粒长形，黏。

老百姓认知：米质优，出米率高。

研究和开发利用价值：可在生产上直接推广应用，也可作水稻育种亲本。

定南糯谷（采集号：2018361226）

资源特征特性：在南昌种植，播始期85.0d，株高111.0cm，单株有效穗12个，穗长27.5cm，穗粒数186粒，结实率88.2%，千粒重29.8g。谷粒长7.0mm，谷粒宽2.6mm，谷粒长形，糯。

老百姓认知：可用于酿米酒，打米糕。

研究和开发利用价值：可在生产上直接推广应用，也可作水稻育种亲本。

新危糯谷（采集号：2018361373）

资源特征特性：在南昌种植，播始期87.0d，株高121.0cm，单株有效穗8个，穗长27.6cm，穗粒数154粒，结实率90.2%，千粒重26.1g。谷粒长9.2mm，谷粒宽2.5mm，谷粒长形，糯。

老百姓认知：高产稳产。

研究和开发利用价值：可在生产上直接推广应用，也可作水稻育种亲本。

术谷（采集号：2018361439）

资源特征特性：在南昌种植，播始期82.0d，株高125.0cm，单株有效穗6个，穗长22.3cm，穗粒数195粒，结实率84.9%，千粒重24.3g。谷粒长6.0mm，谷粒宽3.5mm，谷粒短圆形，黏。

老百姓认知：不易掉粒，香。

研究和开发利用价值：可在生产上直接推广应用，也可作水稻育种亲本。

打米果糯（采集号：2018361476）

资源特征特性：在南昌种植，播始期112.0d，株高95.0cm，单株有效穗5个，穗长21.0cm，穗粒数154粒，结实率71.0%，千粒重23.4g。谷粒长7.1mm，谷粒宽3.0mm，谷粒短圆形，糯。

老百姓认知：制作年糕、米果。

研究和开发利用价值：农户自留种，自产自销。

双明糯谷（采集号：2018361482）

资源特征特性：在南昌种植，播始期87.0d，株高114.0cm，单株有效穗9个，穗长26.2cm，穗粒数162粒，结实率86.8%，千粒重25.6g。谷粒长9.3mm，谷粒宽2.5mm，谷粒细长形，糯。

老百姓认知：糯性好。

研究和开发利用价值：农户自留种，自产自销。

野市糯谷（采集号：2018361549）

资源特征特性：在南昌种植，播始期80.0d，株高112.0cm，单株有效穗11个，穗长28.3cm，穗粒数250粒，结实率85.4%，千粒重23.7g。谷粒长9.0mm，谷粒宽2.4mm，谷粒细长形，糯。

老百姓认知：适合酿酒，糯性好。

研究和开发利用价值：可在生产上直接推广应用，也可作水稻育种亲本。

翰堂糯谷（采集号：2018361597）

资源特征特性：在南昌种植，播始期83.0d，株高112.0cm，单株有效穗6个，穗长25.7cm，穗粒数159粒，结实率86.8%，千粒重25.8g。谷粒长9.2mm，谷粒宽2.6mm，谷粒细长形，糯。

老百姓认知：适合酿酒，糯性好。

研究和开发利用价值：可在生产上直接推广应用，也可作水稻育种亲本。

再生糯（采集号：2018361620）

资源特征特性：在南昌种植，播始期100.0d，株高126.0cm，单株有效穗12个，穗长26.9cm，穗粒数227粒，结实率91.4%，千粒重22.1g。谷粒长9.0mm，谷粒宽2.6mm，谷粒长形，糯。

老百姓认知：可作再生稻。

研究和开发利用价值：可在生产上直接推广应用，也可作水稻育种亲本。

小糯（采集号：2018361682）

资源特征特性：在南昌种植，播始期83.0d，株高111.0cm，单株有效穗8个，穗长24.9cm，穗粒数140粒，结实率84.9%，千粒重23.5g。谷粒长8.5mm，谷粒宽2.5mm，谷粒长形，糯。

老百姓认知：糯性好。

研究和开发利用价值：可在生产上直接推广应用，也可作水稻育种亲本。

社富香糯（采集号：2018362188）

资源特征特性：在南昌种植，播始期84.0d，株高116.0cm，单株有效穗6个，穗长25.3cm，穗粒数169粒，结实率72.4%，千粒重24.7g。谷粒长9.2mm，谷粒宽2.5mm，谷粒长形，糯。

老百姓认知：淀粉含量高，稳产。

研究和开发利用价值：可在生产上直接推广应用，也可作水稻育种亲本。

密粒红（采集号：2018362252）

资源特征特性：在南昌种植，播始期63.0d，株高99.0cm，单株有效穗6个，穗长21.4cm，穗粒数126粒，结实率84.1％，千粒重22.1g。谷粒长8.6mm，谷粒宽2.0mm，谷粒细长形，糯。

老百姓认知：耐旱。

研究和开发利用价值：农户自留种，自产自销，也可作水稻育种亲本。

芒锤糯（采集号：2018362260）

资源特征特性：在南昌种植，播始期84.0d，株高104.0cm，单株有效穗7个，穗长23.2cm，穗粒数186粒，结实率87.3％，千粒重21.8g。谷粒长8.2mm，谷粒宽3.2mm，谷粒椭圆形，糯。

老百姓认知：糯性强，软，做米酒最好。

研究和开发利用价值：农户自留种，自产自销。

茶园香糯（采集号：2018362261）

资源特征特性：在南昌种植，播始期70.0d，株高107.0cm，单株有效穗7个，穗长23.7cm，穗粒数133粒，结实率87.2%，千粒重25.1g。谷粒长9.3mm，谷粒宽2.6mm，谷粒细长形，糯。

老百姓认知：香味重。

研究和开发利用价值：可在生产上直接推广应用，也可作水稻育种亲本。

芒垂糯（采集号：2018362281）

资源特征特性：在南昌种植，播始期95.0d，株高90cm，单株有效穗7个，穗长17.2cm，穗粒数118粒，结实率82.5%，千粒重22.6g。谷粒长6.0mm，谷粒宽3.2mm，谷粒短圆形，糯。

老百姓认知：香，适合酿酒；糯性好，适合打艾米果。

研究和开发利用价值：农户自留种，自产自销。

黎川黑糯（采集号：2018362401）

资源特征特性：在南昌种植，播始期80.0d，株高130.0cm，单株有效穗8个，穗长24.6cm，穗粒数205粒，结实率78.8%，千粒重19.9g。谷粒长8.0mm，谷粒宽2.6mm，谷粒长形，糯，种皮黑色。

老百姓认知：黏性强。

研究和开发利用价值：可在生产上直接推广应用，也可作水稻育种亲本。

黎川香米（采集号：2018362404）

资源特征特性：在南昌种植，播始期122.0d，株高105.0cm，单株有效穗5个，穗长28.5cm，穗粒数264粒，结实率85.7%，千粒重22.0g。谷粒长10.0mm，谷粒宽2.2mm，谷粒长形，黏，种皮紫色，有香味。

老百姓认知：米饭软、香、好吃。

研究和开发利用价值：可在生产上直接推广应用，也可作水稻育种亲本。

长秆糯稻（采集号：2018362497）

资源特征特性：在南昌种植，播始期80.0d，株高155.0cm，单株有效穗7个，穗长32.1cm，穗粒数125粒，结实率75.9%，千粒重27.1g。谷粒长6.0mm，谷粒宽3.5mm，谷粒短圆形，糯。

老百姓认知：糯性好，适合酿酒。

研究和开发利用价值：农户自留种，自产自销。

黎川糯稻（采集号：2018362554）

资源特征特性：在南昌种植，播始期80.0d，株高114.0cm，单株有效穗15个，穗长25.6cm，穗粒数178粒，结实率85.5%，千粒重23.1g。谷粒长9.0mm，谷粒宽2.6mm，谷粒细长形，糯。

老百姓认知：糯性好。

研究和开发利用价值：可在生产上直接推广应用，也可作水稻育种亲本。

横峰一季稻（采集号：2018362701）

资源特征特性：在南昌种植，播始期100.0d，株高120.0cm，单株有效穗7个，穗长29.6cm，穗粒数225粒，结实率88.1%，千粒重21.8g。谷粒长9.0mm，谷粒宽2.8mm，谷粒细长形，黏。

老百姓认知：口感好，香。

研究和开发利用价值：可在生产上直接推广应用，也可作水稻育种亲本。

大冬糯（采集号：2018363024）

资源特征特性：在南昌种植，播始期110.0d，株高117.7cm，单株有效穗7个，穗长26.6cm，穗粒数176粒，结实率95.7%，千粒重27.1g。谷粒长9.5mm，谷粒宽2.8mm，谷粒长形，糯。

老百姓认知：糯性好。

研究和开发利用价值：可在生产上直接推广应用，也可作水稻育种亲本。

大禾子（采集号：2018363026）

资源特征特性：在南昌种植，播始期110.0d，株高119.3cm，单株有效穗6个，穗长22.6cm，穗粒数171粒，结实率93.5%，千粒重24.8g。谷粒长7.0mm，谷粒宽3.5mm，谷粒短圆形，粳稻，黏。

老百姓认知：黏性较强，年糕筋道。

研究和开发利用价值：农户自留种，自产自销。

九堡荆糯（采集号：2018363063）

资源特征特性：在南昌种植，播始期93.0d，株高111.3cm，单株有效穗4个，穗长26.1cm，穗粒数166粒，结实率95.0%，千粒重26.0g。谷粒长8.7mm，谷粒宽3.0mm，谷粒粗长形，糯。

老百姓认知：糯性好。

研究和开发利用价值：农户自留种，自产自销，也可作水稻育种亲本。

红壳大禾子（采集号：2018363066）

资源特征特性：在南昌种植，播始期110.0d，株高120.0cm，单株有效穗5个，穗长24.4cm，穗粒数205粒，结实率66.8%，千粒重24.5g。谷粒长7.4mm，谷粒宽3.2mm，谷粒短圆形，粳稻，黏。

老百姓认知：适合打年糕、米果。

研究和开发利用价值：农户自留种，自产自销。

瑞金赣糯（采集号：2018363067）

资源特征特性：在南昌种植，播始期91.0d，株高113.7cm，单株有效穗7个，穗长27.6cm，穗粒数199粒，结实率94.0%，千粒重27.4g。谷粒长9.3mm，谷粒宽3.0mm，谷粒长形，糯。

老百姓认知：糯性好，抗性好，稳产、高产。

研究和开发利用价值：可在生产上直接推广应用，也可作水稻育种亲本。

瑞金79106（采集号：2018363076）

资源特征特性：在南昌种植，播始期118.0d，株高122.0cm，单株有效穗6个，穗长27.1cm，穗粒数160粒，结实率88.9%，千粒重23.4g。谷粒长8.0mm，谷粒宽3.1mm，谷粒短圆形，黏。

老百姓认知：米饭好吃。

研究和开发利用价值：可在生产上直接推广应用，也可作水稻育种亲本。

乌禾稻谷（采集号：2018363217）

资源特征特性：在南昌种植，播始期80.0d，株高134.0cm，单株有效穗7个，穗长26.7cm，穗粒数164粒，结实率74.8%，千粒重20.5g。谷粒长6.0mm，谷粒宽3.2mm，谷粒短圆形，黏。

老百姓认知：适合打年糕。

研究和开发利用价值：农户自留种，自产自销。

崇仁黄华占（采集号：2018363306）

资源特征特性：在南昌种植，播始期82.0d，株高110.0cm，单株有效穗8个，穗长23.5cm，穗粒数231粒，结实率94.6%，千粒重16.6g。谷粒长7.9mm，谷粒宽2.0mm，谷粒细长形，黏。

老百姓认知：优质稻，高产、稳产。

研究和开发利用价值：可在生产上直接推广应用，也可作水稻育种亲本。

崇仁百香稻（采集号：2018363307）

资源特征特性：在南昌种植，播始期83.0d，株高117.0cm，单株有效穗7个，穗长27.3cm，穗粒数282粒，结实率84.5%，千粒重17.8g。谷粒长8.6mm，谷粒宽2.2mm，谷粒长形，黏。

老百姓认知：有香味。

研究和开发利用价值：可在生产上直接推广应用，也可作水稻育种亲本。

崇仁国香稻（采集号：2018363308）

资源特征特性：在南昌种植，播始期110.0d，株高180.7m，单株有效穗8个，穗长29.6cm，穗粒数193粒，结实率72.5%，千粒重19.7g。谷粒长9.1mm，谷粒宽2.3mm，谷粒长形，黏。

老百姓认知：米饭有香味。

研究和开发利用价值：可在生产上直接推广应用，也可作水稻育种亲本。

相山黄壳糯（采集号：2018363309）

资源特征特性：在南昌种植，播始期78.0d，株高107.0cm，单株有效穗11个，穗长24.7cm，穗粒数166粒，结实率88.8%，千粒重17.4g。谷粒长7.8mm，谷粒宽2.0mm，谷粒椭圆形，糯。

老百姓认知：糯性好，出酒率高。

研究和开发利用价值：可在生产上直接推广应用，也可作水稻育种亲本。

相山立冬糯（采集号：2018363403）

资源特征特性：在南昌种植，播始期80.0d，株高112.0cm，单株有效穗8个，穗长20.9cm，穗粒数124粒，结实率83.7%，千粒重23.6g。谷粒长7.0mm，谷粒宽3.5mm，谷粒短圆形，糯。

老百姓认知：糯性好。

研究和开发利用价值：可在生产上直接推广应用，也可作水稻育种亲本。

大陇高秆禾子米（采集号：2018363472）

资源特征特性：在南昌种植，播始期110.0d，株高135.0cm，单株有效穗12个，穗长25.6cm，穗粒数149粒，结实率79.9%，千粒重17.6g。谷粒长5.0mm，谷粒宽3.2mm，谷粒短圆形，黏。

老百姓认知：适合打年糕、米果。

研究和开发利用价值：农户自留种，自产自销。

金糯（采集号：2018363478）

资源特征特性：在南昌种植，播始期94.0d，株高103.0cm，单株有效穗9个，穗长24.7cm，穗粒数151粒，结实率87.7%，千粒重23.6g。谷粒长8.8mm，谷粒宽2.3mm，谷粒长形，糯。

老百姓认知：香（适合酿酒），糯性强（适合打艾米果）。

研究和开发利用价值：农户自留种，自产自销。

长士岭籼稻（采集号：2018363479）

资源特征特性：在南昌种植，播始期81.0d，株高108.0cm，单株有效穗7个，穗长23.8cm，穗粒数224粒，结实率89.7%，千粒重16.6g。谷粒长8.0mm，谷粒宽2.0mm，谷粒细长形，黏。

老百姓认知：优质、长粒。

研究和开发利用价值：农户自留种，自产自销。

东上糯谷（采集号：2018363515）

资源特征特性：在南昌种植，播始期83.0d，株高112.0cm，单株有效穗9个，穗长24.5cm，穗粒数133粒，结实率90.7%，千粒重22.9g。谷粒长9.4mm，谷粒宽2.6mm，谷粒细长形，糯。

老百姓认知：糯性好。

研究和开发利用价值：农户自留种，自产自销。

新城红米（采集号：2018363555）

资源特征特性：在南昌种植，播始期104.0d，株高107.0cm，单株有效穗8个，穗长25.9cm，穗粒数169粒，结实率93.3%，千粒重24.3g。谷粒长8.6mm，谷粒宽2.8mm，谷粒长形，黏。

老百姓认知：红米。

研究和开发利用价值：可在生产上直接推广应用，也可作水稻育种亲本。

万年赣晚籼（采集号：2018363623）

资源特征特性：在南昌种植，播始期86.0d，株高108.0cm，单株有效穗7个，穗长25.4cm，穗粒数131粒，结实率87.4%，千粒重27.7g。谷粒长10.0mm，谷粒宽2.3mm，谷粒长形，黏。

老百姓认知：优质稻，高产稳产，售价高。

研究和开发利用价值：可在生产上直接推广应用，也可作水稻育种亲本。

坞源早（采集号：2018363640）

资源特征特性：又名万年贡米。在南昌种植，播始期130.0d，株高165.5cm，单株有效穗8个，穗长25.9cm，穗粒数122粒，结实率84.7%，千粒重26.1g。谷粒长9.0mm，谷粒宽2.8mm，谷粒长形，黏。

老百姓认知：米质偏差，煮饭口感一般，有一定保健作用。

研究和开发利用价值：农户自留种，自产自销。

万年玉溪占（采集号：2018363672）

资源特征特性：在南昌种植，播始期80.0d，株高80.0cm，单株有效穗9个，穗长24.2cm，穗粒数220粒，结实率64.1%，千粒重20.8g。谷粒长8.0mm，谷粒宽2.4mm，谷粒长形，黏。

老百姓认知：可作中稻，也可作晚稻，晚稻产量更高，口感好。

研究和开发利用价值：可在生产上直接推广应用，也可作水稻育种亲本。

麻壳红米（采集号：2019361042）

资源特征特性：在南昌种植，播始期80.0d，株高111.0cm，单株有效穗9个，穗长27.4cm，穗粒数147粒，结实率82.7%，千粒重22.5g。谷粒长粒形，谷粒长8.0mm，谷粒宽2.7mm，黏，种皮红色。

老百姓认知：红米。

研究和开发利用价值：可在生产上直接推广应用，也可作水稻育种亲本。

麻姑冷水白（采集号：2019361088）

资源特征特性：在南昌种植，播始期128.0d，株高160.0cm，单株有效穗8个，穗长26.6cm，穗粒数133粒，结实率73.5%，千粒重22.8g。谷粒短圆形，谷粒长7.0mm，谷粒宽2.8mm，黏。

老百姓认知：耐冷性强，适宜冷浆田种植。

研究和开发利用价值：农户自留种，自产自销。

常规晚稻（采集号：2019361103）

资源特征特性：在南昌种植，播始期105.0d，株高100.0cm，单株有效穗8个，穗长25.6cm，穗粒数270粒，结实率78.7%，千粒重16.7g。谷粒细长形，谷粒长10.0mm，谷粒宽2.1mm，黏。

老百姓认知：株型紧凑，米质优。

研究和开发利用价值：可在生产上直接推广应用，也可作水稻育种亲本。

马源晚糯（采集号：2019361333）

资源特征特性：在南昌种植，播始期110.0d，株高107.0cm，单株有效穗8个，穗长26.6cm，穗粒数196粒，结实率66.0%，千粒重19.2g。谷粒细长形，谷粒长10.0mm，谷粒宽2.6mm，糯。

老百姓认知：糯性好。

研究和开发利用价值：可在生产上直接推广应用，也可作水稻育种亲本。

逢叶晚糯（采集号：2019361365）

资源特征特性：在南昌种植，播始期105.0d，株高108cm，单株有效穗8个，穗长25.1cm，穗粒数208粒，结实率76.9%，千粒重21.0g。谷粒细长形，谷粒长9.0mm，谷粒宽2.7mm，糯。

老百姓认知：糯性好，可酿酒、打糍粑。

研究和开发利用价值：农户自留种，自产自销。

大禾糯（采集号：2019361602）

资源特征特性：在南昌种植，播始期85d，株高118.0cm，单株有效穗6个，穗长24.0cm，穗粒数152粒，结实率95.1%，千粒重26.0g。谷粒细长形，谷粒长9.0mm，谷粒宽2.5mm，糯。

老百姓认知：糯性好。

研究和开发利用价值：农户自留种，自产自销。

南城杂优糯（采集号：2019361646）

资源特征特性：在南昌种植，播始期90.0d，株高110.0cm，单株有效穗9个，穗长23.2cm，穗粒数117粒，结实率89.6%，千粒重27.6g。谷粒长8.9mm，谷粒宽2.6mm，谷粒长形，糯。

老百姓认知：高产、稳产。

研究和开发利用价值：可在生产上直接推广应用，也可作水稻育种亲本。

高秆糯谷（采集号：2019362135）

资源特征特性： 在南昌种植，播始期128.0d，株高119.0cm，单株有效穗5个，穗长23.5cm，穗粒数127粒，结实率78.0%，千粒重18.0g。谷粒短圆形，谷粒长6.0mm，谷粒宽3.5mm，糯。

老百姓认知： 糯性好，适宜冷浆田种植。

研究和开发利用价值： 农户自留种，自产自销。

尖峰糯稻（采集号：2019362155）

资源特征特性： 在南昌种植，播始期88.0d，株高117.0cm，单株有效穗8个，穗长27.4cm，穗粒数245粒，结实率81.8%，千粒重24.2g。谷粒长8.8mm，谷粒宽2.5mm，谷粒长形，糯。

老百姓认知： 糯性好，稳产。

研究和开发利用价值： 可在生产上直接推广应用，也可作水稻育种亲本。

龙门畈糯稻（采集号：2019362221）

资源特征特性：在南昌种植，播始期87.0d，株高115.0cm，单株有效穗8个，穗长25.4cm，穗粒数183粒，结实率94.0%，千粒重25.9g。谷粒长8.5mm，谷粒宽3.0mm，谷粒长形，糯。

老百姓认知：糯性强，高产、稳产。

研究和开发利用价值：可在生产上直接推广应用，也可作水稻育种亲本。

石江糯稻（采集号：2019362247）

资源特征特性：在南昌种植，播始期87.0d，株高114.0cm，单株有效穗6个，穗长26.3cm，穗粒数208粒，结实率81.3%，千粒重25.3g。谷粒长8.6mm，谷粒宽2.9mm，谷粒长形，糯。

老百姓认知：糯性好。

研究和开发利用价值：可在生产上直接推广应用，也可作水稻育种亲本。

旴江糯稻（采集号：2019362317）

资源特征特性：在南昌种植，播始期85.0d，株高115.0cm，单株有效穗7个，穗长25.8cm，穗粒数186粒，结实率89.5%，千粒重23.6g。谷粒长9.1mm，谷粒宽2.5mm，谷粒长形，糯。

老百姓认知：糯性，出酒率高。

研究和开发利用价值：农户自留种，自产自销。

水稻78130（采集号：2019362358）

资源特征特性：在南昌种植，播始期62.0d，株高108.0cm，单株有效穗8个，穗长24.0cm，穗粒数134粒，结实率69.3%，千粒重25.8g。谷粒长7.7mm，谷粒宽2.7mm，谷粒椭圆形，黏。

老百姓认知：早稻，直播稻。

研究和开发利用价值：可在生产上直接推广应用，也可作水稻育种亲本。

堆谷糯（采集号：2019362359）

资源特征特性：在南昌种植，播始期116.0d，株高122.0cm，单株有效穗6个，穗长22.0cm，穗粒数131粒，结实率86.0%，千粒重16.5g。谷粒圆形，谷粒长5.1mm，谷粒宽2.3mm，糯。

老百姓认知：小籽，糯。

研究和开发利用价值：农户自留种，自产自销。

银宝湖糯谷（采集号：2019363024）

资源特征特性：在南昌种植，播始期104.0d，株高125.0cm，单株有效穗9个，穗长21.2cm，穗粒数138粒，结实率90.6%，千粒重23.7g。谷粒长7.0mm，谷粒宽3.0mm，谷粒短圆形，糯。

老百姓认知：特糯。

研究和开发利用价值：农户自留种，自产自销。

饶埠糯谷（采集号：2019363029）

资源特征特性：在南昌种植，播始期83.0d，株高115.0cm，单株有效穗8个，穗长25.5cm，穗粒数154粒，结实率88.3%，千粒重26.2g。谷粒长8.7mm，谷粒宽3.0mm，谷粒长形，糯。

老百姓认知：糯性强，高产、稳产。

研究和开发利用价值：可在生产上直接推广应用，也可作水稻育种亲本。

饶埠长糯谷（采集号：2019363054）

资源特征特性：在南昌种植，播始期86.0d，株高125.0cm，单株有效穗9个，穗长24.6cm，穗粒数186粒，结实率72.5%，千粒重25.4g。谷粒长9.2mm，谷粒宽2.6mm，谷粒长形，糯。

老百姓认知：糯性好。

研究和开发利用价值：可在生产上直接推广应用，也可作水稻育种亲本。

太源常谷（采集号：2019363077）

资源特征特性：在南昌种植，播始期96.0d，株高116.0cm，单株有效穗8个，穗长25.8cm，穗粒数210粒，结实率81.9%，千粒重21.8g。谷粒长8.2mm，谷粒宽2.2mm，谷粒长形，黏。

老百姓认知：米质优。

研究和开发利用价值：可在生产上直接推广应用，也可作水稻育种亲本。

太源糯谷（采集号：2019363080）

资源特征特性：在南昌种植，播始期87.0d，株高121.0cm，单株有效穗9个，穗长24.2cm，穗粒数126粒，结实率89.7%，千粒重24.0g。谷粒细长形，谷粒长9.2mm，谷粒宽2.5mm，糯。

老百姓认知：糯性好。

研究和开发利用价值：农户自留种，自产自销。

莲湖晚糯谷（采集号：2019363142）

资源特征特性：在南昌种植，播始期85.0d，株高106.0cm，单株有效穗6个，穗长28.0cm，穗粒数167粒，结实率91.6%，千粒重23.2g。谷粒细长形，谷粒长9.0mm，谷粒宽2.7mm，糯。

老百姓认知：糯性好。

研究和开发利用价值：可在生产上直接推广应用，也可作水稻育种亲本。

排埠老红米（采集号：2019363291）

资源特征特性：在南昌种植，播始期77.0d，株高109.0cm，单株有效穗9个，穗长26.6cm，穗粒数157粒，结实率88.3%，千粒重22.2g。谷粒长9.0mm，谷粒宽2.5mm，谷粒长形，黏。

老百姓认知：红米。

研究和开发利用价值：可在生产上直接推广应用，也可作水稻育种亲本。

高桥芳平糯谷（采集号：2019363368）

资源特征特性：在南昌种植，播始期64.0d，株高117.0cm，单株有效穗9个，穗长22.8cm，穗粒数147粒，结实率74.8%，千粒重21.1g。谷粒椭圆形，谷粒长7.6mm，谷粒宽2.9mm，糯。

老百姓认知：糯性好。

研究和开发利用价值：农户自留种，自产自销。

三都糯谷（采集号：2019363374）

资源特征特性：在南昌种植，播始期88.0d，株高119.0cm，单株有效穗7个，穗长27.6cm，穗粒数168粒，结实率91.4%，千粒重25.1g。谷粒长8.8mm，谷粒宽2.4mm，谷粒长形，糯。

老百姓认知：糯性好。

研究和开发利用价值：农户自留种，自产自销。

三都红米（采集号：2019363390）

资源特征特性：在南昌种植，播始期88.0d，株高117.0cm，单株有效穗7个，穗长24.6cm，穗粒数129粒，结实率90.3%，千粒重16.7g。谷粒长8.5mm，谷粒宽2.0mm，谷粒细长形，黏，种皮红色。

老百姓认知：红米。

研究和开发利用价值：可在生产上直接推广应用，也可作水稻育种亲本。